新时代一流专业、一流课程建设成果教材

高等院校艺术与设计类专业"互联网＋"创新规划教材

数字界面设计

康　帆　编著

北京大学出版社

PEKING UNIVERSITY PRESS

内 容 简 介

本书是一本全面且系统的"数字界面设计"课程教材，旨在培养学生的创新思维和提升他们在数字界面设计领域的专业能力。全书共 6 章，1～3 章从基础概念出发，内容包括数字界面设计概述、用户研究方法、交互设计基础；4～6 章则深入实践应用，内容包括品牌视觉设计、用户界面设计和界面设计实践。

本书不仅可以作为高等院校视觉传达设计和数字媒体设计专业的教材，也可以作为行业爱好者的自学辅导用书，帮助读者掌握数字界面设计的核心理念和实践技能。

图书在版编目（CIP）数据

数字界面设计 / 康帆编著 . —— 北京：北京大学出版社，2025．4 ．——（高等院校艺术与设计类专业"互联网 +"创新规划教材）．—— ISBN 978-7-301-36289-1

Ⅰ．TP311.1

中国国家版本馆 CIP 数据核字第 2025AG7299 号

书　　　名	数字界面设计
	SHUZI JIEMIAN SHEJI
著作责任者	康　帆　编著
策 划 编 辑	孙　明
责 任 编 辑	王圆缘
数 字 编 辑	金常伟
标 准 书 号	ISBN 978-7-301-36289-1
出 版 发 行	北京大学出版社
地　　　址	北京市海淀区成府路 205 号　100871
网　　　址	http://www.pup.cn　　新浪微博：@ 北京大学出版社
电 子 邮 箱	编辑部 pup6@pup.cn　　总编室 zpup@pup.cn
电　　　话	邮购部 010-62752015　　发行部 010-62750672　　编辑部 010-62750667
印 刷 者	天津中印联印务有限公司
经 销 者	新华书店
	889 毫米 ×1194 毫米　16 开本　9.75 印张　312 千字
	2025 年 4 月第 1 版　2025 年 4 月第 1 次印刷
定　　　价	59.00 元

前言

为了积极响应创新驱动发展战略，全面贯彻落实党的二十大精神，深入实施科教兴国战略、人才强国战略、创新驱动发展战略，培养德才兼备、勇于创新的高素质人才，"数字界面设计"课程不仅涵盖数字界面设计的基础知识和技能，还强调以用户为中心的设计思维，鼓励学生深入研究用户需求，践行"坚持把实现人民对美好生活的向往作为现代化建设的出发点和落脚点"的战略要求，运用创新方法解决实际问题，服务数字中国、智慧社会建设。

本课程通过与即时设计的紧密校企合作，引入在线设计工具，为学生提供了一个全面且高效的学习平台。该工具覆盖从用户研究到设计交付的各个环节，包括同理心地图、用户画像、用户旅程图、服务蓝图、交互原型设计、切图与标注及作品集梳理等，同时具备强大的兼容性，支持 Adobe XD、Sketch、Figma 等主流数字界面设计文件的导入，确保学生能够轻松上手并提高学习效率。此外，本课程还引入了企业命题竞赛和企业导师的项目点评，这种校企合作模式不仅加深了学生对行业的理解，提升了学生解决实际问题的能力，还为他们将来的职业发展打下了坚实的基础，从而实现教育与行业的深度融合和共同发展。

本书编写具有以下特点。

（1）培养学生用户中心思维。本书强调深入的用户调研，引导学生从用户视角出发，洞察并理解用户的真实需求和偏好；关注人民对美好生活的向往和对生命健康的追求。通过这种教学方法，学生不仅能够提高对用户需求的敏感度，还能培养出强烈的问题意识和逻辑思维能力。

（2）实现用户痛点到设计的转化。本书教授学生如何将用户痛点转化为创新的设计方案，学生通过对用户在美好生活向往和生命健康追求中遇到的问题进行深入的用户研究，学会识别并分析用户痛点，进而探索和创造解决这些问题的设计机会。这一过程包括对用户反馈的细致分析、创意构思，以及对交互方案的迭代优化。

（3）引导学生学习品牌视觉系统与用户界面设计技巧。本书引导学生理解用户界面设计的基本原则，掌握图标设计、页面设计、运营设计、情感化设计的方法，还特别注重培养学生的跨学科团队合作能力，学生将学习如何在团队中进行有效沟通、协调不同专业背景的团队成员，以及如何在设计项目中整合多学科的知识和技能。

（4）培养学生 AIGC（Artificial Intelligence Generated Content 的缩写，即人工智能生成内容）辅助设计和终身学习能力。本书通过引入 AIGC 辅助设计，旨在培养学生的终身学习能力，使他们能够在设计领域保持持续的创新能力和适应性。为契合 AI 技术的发展潮流，本书还特别在附录添加了 AI 伴学内容及提示词，引导学生借助 DeepSeek、豆包、Kimi 助手等 AIGC 工具进行延伸学习与创作实践；同时，也推荐使用 WHEE、即梦 AI 等图像生成平台进行图标、IP 形象等图像类设计，以提升学生的视觉表达能力。AI 工具的使用可以让学生从烦琐的设计任务中解放出来，从而有更多精力专注于创造性思维和解决复杂问题能力的培养。本书强调终身学习的重要性，鼓励学生不断掌握新工具、新方法，以适应设计行业的快速变化，帮助他们在未来的工作环境中保持竞争力，实现个人和专业上的持续成长。

本书特别强调教学研究与实践操作的结合，在第一至五章的末尾精心设计了相关的单元训练和作业，旨在让学生通过实际操作来巩固和应用所学理论知识，提升实践能力和创新思维。这些单元训练和作业将 app 设计流程按照双钻模型划分，从理论学习到实践应用，逐步深入。此外，本书第一章为设计前沿理论与案例分析，旨在让学生掌握数字界面设计的基础与趋势；第二章专注于用户研究方法，通过发现阶段的用户调研、市场调查、利益相关者访谈和同理心地图应用，以及定义阶段的亲和图分析、问题陈述、用户旅程图和设计简介，引导学生明确设计目标；第三章为交互设计的实践，包括开发阶段的市场调研、竞品分析、"头脑风暴"、原型设计、用户测试和迭代，以确保设计方案的实用性和用户体验；第四章和第五章分别聚焦于品牌视觉设计和用户界面设计，引导学生完成高保真原型制作、设计规范文档编写、切图与标注及用户反馈跟踪；第六章为设计实践，鼓励学生整合整个设计过程的成果，形成个人作品集，进行自我评估、反思和竞赛投稿。

本书旨在适应不同艺术院校的课时安排，无论是对每周 16 学时的 4

周课程（总学时 64 学时）、3 周课程（总学时 48 学时）的集中学习，还是对每周 8 学时、持续 9 周的深入探索（总学时 72 学时），本书都能提供全面的教学支持。本书还以线上、线下课程结合的方式，满足不同艺术院校的多样化需求。因专业背景差异，作者建议视觉传达设计专业和数字媒体艺术专业的学生可以从第一章、第二章的发现与定义阶段入手，培养用户中心思维和逻辑思考能力；第三章的交互设计基础为开发阶段的共通知识，适合相关专业所有学生学习；产品设计专业的学生可在第四章、第五章的交付设计中加强视觉训练；第六章的优秀案例与作业分析体现了理论与实践结合，为相关专业所有学生提供了巩固知识点的机会。

本书的出版获得武汉轻工大学校级规划教材建设项目资助，为湖北省高校人文社科重点研究基地"湖北健康生活与康居环境设计研究中心"成果，湖北高校省级教学研究项目"新时代高校美育课程的思政融入创新路径研究"（项目编号：2022346）阶段性成果。

本书由康帆编著。于肖月、余日季、韦唯、倪雪莹、蔡维玮、石钰老师，以及作者的研究生刘怡慧、徐达、张明茹、张聪颖、陈文君、卢玲、何欢、高迪、杨岩、许思媛、裴晓影为本书搜集整理了大量资料。同时，书中所使用的作业图例多为作者及其团队老师指导的武汉轻工大学艺术设计学院 2024 届、2023 届、2022 届视觉传达设计专业学生的优秀作业。在此对以上老师和学生一并表示衷心的感谢！

感谢武汉轻工大学常青学者陈汗青，武汉轻工大学艺术设计学院院长陈莹燕的指导、督促和帮助！

由于作者水平有限，书中不妥之处在所难免，恳请相关专家、学者及广大读者提出宝贵意见。

【资源索引】

康帆

2025 年 3 月 20 日

目录

绪论
视觉设计师在互联网产品中的角色

我国社会主要矛盾已经转化为人民日益增长的美好生活需要和不平衡不充分的发展之间的矛盾。这一矛盾不仅在物质层面显现，而且在精神和文化层面得到深刻反映。随着经济的持续发展和人民生活水平的不断提高，人们对美好生活的向往愈发强烈，这种向往不仅限于物质层面的丰富，而且延伸至精神生活的充实和文化生活的多样化。在这一背景下，产品设计思维的重要性日益凸显。它以用户为中心，深入洞察并满足用户需求，强调通过理解用户的需求和期望，设计出既满足功能性需求又具有美学价值的产品，进而增强产品的文化内涵和精神价值。这种以用户为中心的设计理念，不仅增强了产品的实用性和美观性，而且在满足人们对美好生活追求的同时，丰富了人类文明的新形态。

一、数字界面设计的市场需求

随着信息技术的不断进步，数字界面设计已成为连接用户与数字产品的重要桥梁。从智能手机 app 到智能家居系统，从在线教育平台到电子商务网站，数字界面设计无处不在。它不仅提升了用户体验，也为企业带来了巨大的商业价值。市场需求的激增，促使数字界面设计成为设计行业中最具潜力的领域之一。企业越来越意识到优秀数字界面设计人才对产品成功的重要性，开始寻求那些能够理解用户需求、创造直观且吸引人的界面的设计者。这种需求推动了对专业设计人才的大量招聘，同时也提高了这一职业的薪酬水平和职业地位。数字界面设计是一个多学科交叉的领域，它融合了艺术、心理学、计算机科学等学科的知识。视觉设计师作为这一领域的专业人才，不仅要掌握美学设计原则，还要了解用户交互、编程基础等相关知识。随着专业多样性的增强，视觉设计师的岗位功能在不断扩展和深化。

二、视觉设计师在团队中的角色

在当今互联网 app 的开发过程中，跨学科团队的紧密合作已成为常态。作为团队中的重要一员，视觉设计师的角色超越了单纯的美学创造者，他们需要与产品经理、开发人员、市场营销人员等不同背景的专业人士进行深入的沟通，确保设计理念与团队其他成员的需求和期望匹配。同时，视觉设计师必须具备技术协作的能力，与开发人员紧密合作，了解编程基础和技术限制，以确保设计的可行性和可实现性。此外，通过与用户研究团队的合作，视觉设计师能够深入洞察用户需求和行为，将研究成果应用于设计，从而显著提升用户体验。更重要的是，视觉设计师需要将产品思维融入自己的工作，关注产品的整体价值和市场定位，确保设计既美观又能满足商业目标和增强产品的市场竞争力。

三、如何找准自己的角色定位

在数字界面设计领域，面对市面上界面设计、交互设计、用户研究、体验设计、服务设计等方面的书籍及其涉及的主题，初学者可能会感到困惑，不知如何定位自己的学习方向。首先，确定自己的兴趣点至关重要，这可以指导初学者选择深入学习视觉设计或用户研究等特定领域。然而，即使专注于特定领域，跨学科学习也是必不可少的，它能够拓宽初学者的设计视野，让初学者在交互设计和用户体验等方面也能有所涉猎，从而增强设计的整体性并加深设计的深度。其次，实践是检验真理的唯一标准，通过参与实际项目，初学者可以将理论知识转化为实践经验，并通过获取反馈来不断优化设计。最后，由于数字界面设计是一个不断进化的领域，持续学习新的技术和理念，关注行业动态，特别是 AIGC 辅助设计相关知识，是保持竞争力和创新能力的关键。通过这些方法，初学者可以逐步找到自己的定位，建立起坚实的专业基础。

第一章
数字界面设计概述

教学要求

通过本章学习，学生应当能够全面理解数字界面设计的历史发展；掌握设计思维、双钻模型及用户体验设计的五要素的基本知识。

教学目标

培养学生的社会责任感，使其关注大众需求；培养学生的设计思维，让其掌握双钻模型设计流程，了解用户体验设计的五要素。

教学框架

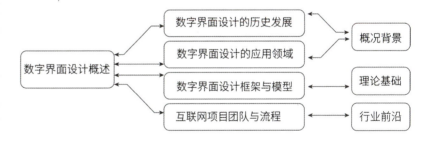

数字时代，用户与产品的交互体验是决定产品成功与否的关键因素。数字界面设计作为用户与产品之间的桥梁，不仅承载着视觉传达的功能，而且会直接影响用户的操作效率和体验感受。优质的数字界面设计能够直观、简洁地引导用户完成任务，同时增强产品的易用性和吸引力。随着技术的进步和用户需求的多样化，数字界面设计已演变为一门综合性学科，涉及视觉设计、用户体验、信息架构和交互设计等领域。设计者需在关注美观性的同时，深入理解用户行为模式和心理需求，确保数字界面设计既符合审美，又满足用户功能需求。本章将探讨数字界面设计的核心概念、设计原则与实践方法，帮助学生系统掌握数字界面设计的各个环节，培养其在实际项目中设计出具备优良用户体验的数字产品界面的能力。

第一节　数字界面设计的历史发展

【数字界面设计的历史发展】

数字界面设计的发展历史可以追溯到20世纪中叶，早期数字界面设计出现在20世纪50年代至70年代，这一时期的数字界面设计以命令行界面（Command-Line Interface，CLI）为主，用户通过输入特定的命令与计算机交互，这要求用户具备一定的技术知识。但这种界面的交互性有限，反馈通常以文本形式呈现且缺乏直观的视觉元素。

20世纪70年代，施乐帕洛阿尔托研究中心（Xerox Palo Alto Research Center，PARC）的Alto电脑采用了一些早期的图形界面元素，开发了图形用户界面（Graphical User Interface，GUI）。1984年，图形用户界面被苹果公司应用于Macintosh。Macintosh是第一款大规模、商业化的个人电脑，它采用了图形用户界面，包括桌面隐喻、窗口、图标和菜单等元素，这些元素极大地简化了用户与计算机的交互，使计算机操作更加直观和用户友好。这一创新对个人电脑界面设计产生了深远的影响且为后来的操作系统奠定了基础。图形用户界面在20世纪80年代开始逐渐取代命令行界面，使计算机操作变得更加直观和易于被大众接受。

1990年，蒂姆·伯纳斯-李在欧洲核子研究中心（European Organization for Nuclear Research，CERN）实现了HTTP代理与服务器的首次通信，标志着万维网的

诞生。他引入的HTML、HTTP和URL等技术简化了网页创建和信息访问，促进了互联网内容的分享。1994年，中国通过中国科学院计算机网络信息中心正式接入国际互联网，开启了国内互联网的发展。2000年左右，随着互联网泡沫的破灭，行业开始重视用户体验和用户生成内容，推动了社交网络和视频分享平台的兴起。这一转变对Web界面设计产生了重要影响，设计者开始采用响应式设计、交互设计等创新形式，以提升用户体验，使网站和应用程序（Application，app）更好地适应多样化的用户需求，这一时期也被称为"Web2.0时代"。

2007年，苹果iPhone的问世彻底改变了智能手机行业，开启了智能手机的新纪元，多点触控界面、无实体键盘设计成为新标准。随后，4G网络的普及极大地提高了移动互联网的速度和稳定性，这为数字界面设计带来了革命性的变化。设计者开始采用更加动态和交互式的元素，如滑动菜单、动画效果等，以提高用户的参与度。

2019年，随着5G技术的推出，设计者利用其高速传输和低延迟特性，为用户打造沉浸式的高清视频、实时游戏和虚拟现实（Virtual Reality，VR）/增强现实（Augmented Reality，AR）体验。个性化内容的实时生成和推送成为可能，设计者通过分析用户数据，提供定制化推荐，提高用户参与度。同时，数字界面设计变得更加动态和交互式，支持多种交互方式，如触摸、语音和手势等，提供直观自然的用户体验。实时反馈和多人协作应用的设计因5G技术变得更加流畅。而物联网设备的普及也要求设计者设计出简洁直观的界面，以便用户轻松管理。随着5G技术的不断进步，数字界面设计正朝着智能化、个性化和沉浸化的方向发展，为用户提供更加丰富和安全的数字体验。

在AI和元宇宙技术的推动下，未来数字界面设计将朝着个性化、智能化和沉浸式体验的方向发展。设计者正通过这些技术实现界面的动态定制和即时响应，为用户提供丰富的感官互动。随着元宇宙概念的普及，数字界面设计不仅强调社交和经济活动的融合，还致力于实现跨平台的无缝体验。在创新的探索中，设计者同样关注数据安全、隐私保护和社会责任。

案例

Call Annie是一款创新型视频聊天app（如图1.1所示），由Animato公司开发，提供用户友好的界面

图 1.1　Call Annie 界面

和逼真的虚拟角色 Annie，支持 iOS 端和网页端。Call Annie 通过虚拟角色面部表情和肢体动作增强交流真实感，其个性化设置允许用户选择交流对象；利用数据驱动设计优化对话，尤其在教育领域，提供实时语言练习，帮助学习者提升口语能力，为教育技术带来新变革。

【Call Annie】

第二节　数字界面设计的应用领域

从传统桌面环境到现代移动设备，再到新兴技术平台，数字界面设计的应用领域十分广泛。

1. 网页设计

网页设计专注于为互联网用户创建直观、吸引力强且功能丰富的在线体验。设计者需要考虑网站的布局、导航结构、内容展示和响应式设计，以确保网站在不同设备的浏览器上都能提供一致的用户体验。此外，网页设计还涉及搜索引擎优化（Search Engine Optimization，SEO）和内容管理系统（Content Management System，CMS）的集成，以增强网站的可见性并提高管理效率。

2. 桌面软件界面设计

桌面软件界面设计旨在提高用户在使用办公软件、图像编辑工具、数据分析软件等时的效率和满意度。设计者需要关注桌面软件界面的功能性、易用性和美观性，同时提供必要的帮助和反馈，以支持用户完成任务。

3. app 界面设计

随着智能手机和平板电脑的普及，app 界面设计成为数字界面设计的关键领域。设计者需要为这些设备创建适应小屏幕和触摸操作的界面，同时考虑到 app 的多样性，如游戏类、社交类和工具类 app 等。app 界面设计强调简洁性、直观性和快速响应，以满足用户在移动环境中的需求。app 已经成为我们日常生活中不可或缺的一部分，本书将重点讲述 app 界面设计。

4. 车载 HMI 设计

随着智能汽车的普及，车载 HMI 设计成为设计领域的新趋势。这种设计专注于提供直观、安全且富有吸引力的用户体验，以适应驾驶的特殊需求。它不仅要求界面美观、信息清晰，还必须确保用户能够通过最少的操作步骤快速获取关键信息，从而降低驾驶时分心的风险。此外，车载 HMI 设计也越来越多地融入了先进的交互技术，如语音识别、手势控制、触觉反馈和个性化设置等，以满足不同用户的偏好。

案例

华为问界智能汽车系统 HMI 设计以其简约美学、极致工艺和纯净体验为核心，提供了深色和浅色两种模式的界面以适应不同光照条件，支持触控、语音识别和手势控制

【华为问界智能汽车系统】

等多样化的交互方式，确保用户在各种驾驶环境下都能便捷、安全地操作（如图 1.2 所示）；同时注重品牌一致性、智能化功能和个性化定制，适应不同设备尺寸和布局。

5. VR、AR 和 MR 界面设计

VR、AR 和 MR（Mixed Reality 的缩写，即混合现实）界面设计是数字界面设计的前沿领域，它要求设计者创造沉浸式和互动性强的体验。在涉及这些领域的平台上，用户需要通过可穿戴设备等与虚拟环境互动，因此设计者需要考虑如何通过视觉、听觉和触觉反馈来增强用户的感知，同时确保交互的自然性和舒适性。

图 1.2 华为问界智能汽车系统 HMI 设计

案例

Nebula AR 眼镜界面设计打破了传统 2D 界面的局限,将用户带入一个沉浸式 3D 空间,提供全新的交互体验(如图 1.3 所示)。通过 AR 眼镜,结合手机陀螺仪精确追踪头部和手部动作,用户可以用手势和语音命令在虚拟空间中轻松执行任务,如上网、导航、观看视频等。其设计符合人体工程学,确保了长时间使用的舒适性,同时通过场景交互,使用户仿佛置身于真实环境,引领数字界面设计向更智能和沉浸式的方向发展。

6. 物联网和智能家居界面设计

物联网和智能家居界面设计涉及智能家电、可穿戴设备等。这些产品通常具有较小的显示屏或无屏幕,设计者需要考虑如何通过简洁的界面和直观的交互来帮助用户操作,同时确保数据的安全性和隐私保护。

7. AI 和自动化界面设计

在 AI 和自动化领域,界面设计需要与智能助手、自动化工具和数据分析平台结合。设计者的任务是创建能够理解用户意图、提供个性化建议和支持决策的界面。这些界面通常需要集成自然语言处理(Natural Language Processing, NLP)和机器学习技术,以提供更加智能和人性化的用户体验。

案例

mWear 可穿戴病人监护系统实现了从医院到家庭的连续监护,提供便利和舒适的体验,支持病人康复(如图 1.4 所示)。该系统通过跨平台设计,无缝集成了移动端、医疗器械、可穿戴设备和智能家居,确保了数据的实时展示、准确传输和安全处理。其移动端 app 便于实时监测和沟通,而智能家居则让健康监测更加便捷。

小知识

在数字界面设计中,确保在各种设备和环境下提供一致的用户体验是设计的核心目标。设计者需要在视觉设计、交互逻辑、导航布局及性能表现上保持界面的一致性,这样用户在使用手机、平板电脑或笔记本电脑时才能获得无缝的体验。

图 1.3　Nebula AR 眼镜界面设计

【Nebula AR 眼镜】

【mWear 可穿戴
病人监护系统】

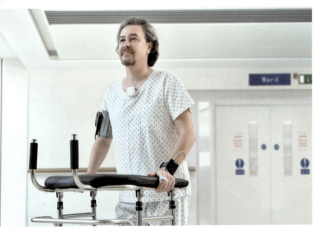

图 1.4　mWear 可穿戴病人监护系统

第三节 数字界面设计框架与模型

设计思维、双钻模型和用户体验设计的五要素是数字界面设计的三大支柱。设计思维促进以用户为中心的创新，双钻模型指导深入问题探索和解决方案开发，而用户体验设计的五要素确保从策略到视觉表现的每个设计层面都能提供连贯且吸引人的体验。

1. 设计思维

设计思维是一种以用户为中心的创新方法，它起源于赫伯特·A. 西蒙在 1969 年的著作《人工智能科学》，并随着时间的推移不断发展和完善。斯坦福大学哈索·普拉特纳设计学院作为设计思维教育的先驱，提供了一个被广泛采用的框架（如图 1.5 所示），专注于通过设计思维来解决问题。

设计思维过程通常包括以下几个阶段。

（1）共情。这是设计思维的起点，要求设计者深入理解用户的需求、愿望和厌恶；这需要设计者收集关于用户生活方式的大量信息，并通过访谈、观察等方法，从用户的角度出发，了解他们的动机和日常行为。

（2）定义。在这个阶段，设计者利用对用户的深刻理解，定义设计将要解决的问题；问题陈述应该以用户为中心，避免以企业的需求为出发点。

（3）构思。设计者和团队成员基于问题陈述，运用创意生成技术，如"头脑风暴"，来构思可能的解决方案；这个阶段鼓励自由思考，产生尽可能多的想法。

（4）原型。设计者将构思中的想法转化为具体的原型；初期的原型通常是低保真的，目的是快速测试和迭代，而不是追求完美的视觉呈现。

（5）测试。这个阶段要求设计者像知道自己的设计是正确的一样去设计原型，但同时要像知道自己的设计可能是错误的一样去测试原型；测试的目的是验证设计的关键推理，并获得用户的真实反馈。

设计思维的每个阶段都是迭代的，测试阶段的结果可能会让设计者回到前面的阶段进行调整。这种方法鼓励设计者不断学习和改进，直到最终产品能够真正满足用户的需求，并解决实际问题。设计思维不仅是一种创新方法，而且是一种思维方式，它强调跨学科合作、用户中心设计和持续迭代。通过这种方法，设计者能够创造出既美观又实用的产品，满足用户对美好生活的追求。

2. 双钻模型

双钻模型由英国设计委员会在 2005 年提出，是一个创新的设计框架，旨在通过简化的设计流程来交付项目（如图 1.6 所示）。双钻模型的灵感来自贝拉·H. 巴纳西的"发散—收敛"模型，强调设计过程中发散思维和聚合思维的重要性，帮助设计者以全面且以用户为中心的方法来设计新的互联网产品。

双钻模型由两个菱形（形似钻石）组成：一个是代表问题的菱形；另一个是代表解决方案的菱形。一旦设计者确定了第一个菱形中的核心问题，他们就会创建一份设计概要作为第二个菱形的基础。设计者在第二个菱形中会专注于原型设计和测试解决方案，直到准备好发布为止。双钻模型的不同阶段与任务见表 1-1。

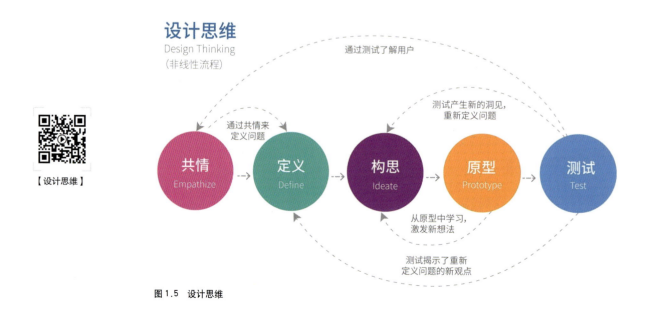

【设计思维】

图 1.5 设计思维

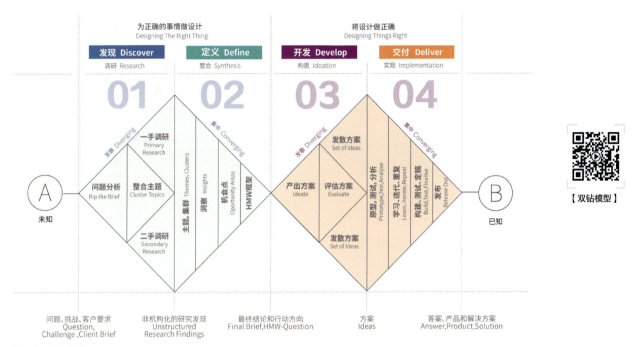

图 1.6 双钻模型

表 1-1 双钻模型的不同阶段与任务

第一个菱形	第一阶段：发现	用户研究	对目标用户群体进行访谈和调查
		市场研究	研究竞争对手和行业趋势
		利益相关者访谈	收集利益相关者的见解
		同理心地图	创建同理心地图来了解用户的情绪和动机
	第二阶段：定义	综合数据	使用亲和图来识别模式
		问题陈述	制定清晰、简洁的问题陈述
		用户旅程图	绘制用户旅程图以查明用户痛点
		设计简介	起草一份简介，概述项目目标和限制
第二个菱形	第三阶段：开发	构思	通过研讨会集思广益寻找解决方案
		原型设计	创建线框和草图
		用户测试	与真实用户一起测试原型
		迭代	根据反馈改进设计
	第四阶段：交付	高保真原型	在高保真原型中完成设计细节
		开发	设计者和开发人员密切合作，构建互联网产品
		质量保证	进行广泛的测试
		使用与反馈	启动项目，持续跟进用户反馈并进行不断迭代

3. 用户体验设计及其五要素

用户体验设计专注于创造和提升用户在使用产品或接受服务过程中的整体体验。用户体验设计涵盖界面设计、交互设计、信息架构等方面，旨在通过优化用户与产品之间的互动来提高用户的满意度和忠诚度。用户体验设计的目标是通过设计来解决用户的问题，同时创造愉悦的使用体验。

用户体验设计的五要素，也被称为"用户体验要素的五层模型"，由杰西·詹姆斯·加瑞特在其著作《用户体验的要素：以用户为中心的 Web 设计》中提出，包括战略层、范围层、结构层、框架层和表现层，为设计者提供了一个系统化框架，帮助设计者从宏观到微观地创造和优化用户体验（如图 1.7 所示）。

（1）战略层

用户需求：这是设计的起点，明确用户的核心需求和动机，了解用户在使用产品时所期望的体验和想要被满足的需求。

产品目标：定义产品的商业目标和价值主张，确保产品能够实现其商业价值和满足用户需求。

（2）范围层

功能规格：基于战略层，进一步明确产品的功能范围，定义产品能够提供的功能和服务，确保这些功能能够满足用户需求。

图1.7　用户体验设计的五要素

内容需求：明确产品需要展示的内容，包括文本、图片、视频等，确保内容能够支持产品目标和用户需求。

（3）结构层

交互设计：设计用户与产品之间的交互方式，包括用户如何与产品进行交互，以及交互流程、交互逻辑等，确保用户能够轻松地完成任务。

信息架构：组织和结构化信息，使其易于访问，包括信息的分类、组织方式、导航结构等，确保用户能够快速找到所需信息。

（4）框架层

界面设计：定义界面的布局和元素，包括按钮、文本框、图标等，确保界面布局合理、易用。

导航设计：设计用户在产品中的导航路径，包括菜单、标签、面包屑导航等。

信息设计：确保信息的清晰性和可读性，包括文本排版、图表设计、信息展示方式等，确保用户能够快速理解信息。

（5）表现层

视觉设计：通过颜色、字体、图标等视觉元素传递品牌价值，确保视觉设计与品牌形象一致，同时提升用户体验。

这5个要素相互关联，共同构成了用户体验设计的完整框架。从战略层到表现层，每个要素都建立在前一个要素的基础上，逐步细化和具体化，最终形成用户可以感知和互动的产品。通过这个框架，设计者可以系统

地思考和解决用户体验问题，确保产品能够满足用户的需求并实现商业目标。

设计思维、双钻模型和用户体验设计的五要素共同构成了数字界面设计的理论基础，它们确保了设计过程的全面性和深度。设计思维引导设计者以用户为中心，通过共情和迭代探索来创新解决方案。双钻模型则强调在发现和开发阶段进行深入探索和细化，以确保问题得到全面理解并被有效解决。用户体验设计的五要素进一步细化了设计过程，从战略层到范围层、结构层、框架层和表现层，每一步都旨在提升用户的整体体验。

尽管三者在方法论、侧重点、应用阶段和具体工具上有所不同（设计思维侧重创新过程，双钻模型侧重问题和解决方案的探索，用户体验设计的五要素侧重用户体验的层次化设计），但都强调了用户需求的重要性和设计过程中的迭代与合作。通过融合这些理论，数字界面设计者能够更全面地理解设计问题，创造出既美观又实用的界面，满足用户需求的同时，实现商业价值的最大化。

小知识

数字界面设计依赖于战略层、范围层、结构层、框架层和表现层的坚实基础。战略层确定产品目标，如Dot Go为视障用户提供无障碍体验的目标。范围层明确功能需求，确保产品功能既不冗余，也不缺失。结构层

优化信息架构和用户流程，以便用户高效地完成任务。框架层将这些规划转化为具体的界面布局。表现层则将设计转化为视觉和交互效果，对 Dot Go 来说，这包括高对比度和清晰度的设计，以及语音和振动反馈，以提升视障用户的体验。

第四节　互联网项目团队与流程

一、互联网项目团队构成

在互联网项目开发中，项目团队关键角色各司其职（见表 1-2），共同推进项目（如图 1.8 所示）。项目经理负责制订计划、跟踪进度，降低潜在的时间风险，确保项目能够按时交付。产品经理深入市场，评估产品机会，定义解决方案，与设计和开发团队紧密合作，以确保产品能够真正满足用户的需求。设计团队由交互设计师、视觉设计师和用户研究员等组成，他们专注于创造流畅的用户体验。QA 团队扮演着质量守门人的角色，通过制定上线审核标准和进行产品测试来确保产品质量。BD 团队负责商务拓展，积极寻求资源和业务合作，以扩大企业的业务范围。运营团队通过市场营销、用户运营和内容运营等手段，吸引并留住用户，推动产品的可持续发展。开发团队的前端和后端工程师负责用技术实现产品，根据需求将设计转化为实际的界面和功能。

图 1.8　互联网项目团队角色

二、互联网设计团队中的常见职位

互联网设计团队包括用户研究员、交互设计师、体验设计师、视觉设计师和用户测试员，他们负责研究用户需求、设计交互方式、优化用户体验、进行视觉设计及测试产品功能和用户体验。项目团队和设计团队紧密协作，项目团队负责功能实现和市场推广，设计团队提供用户体验和视觉设计支持，共同推动产品的设计、开发和上线，确保产品从概念到落地的每个环节都能顺利进行。

数字界面设计是一个融合了视觉艺术、技术实现、用户研究和商业策略的多学科领域。数字界面设计者作为这一领域的 T 型人才，不仅需要在视觉设计、交互设计或前端开发等专业领域拥有深厚的专业知识，还需要具备跨学科的通用技能，如市场营销和数据分析等；通过深入理解色彩理论、排版、构图和视觉层次，结合用户行为分析和界面逻辑设计，创造出既美观又实用的界面。需要强调的是，数字界面设计者须掌握 HTML、CSS 和 JavaScript 等前端开发技能，以确保设计能够转化为实际可用的网页或 app 界面。此外，响应式和移动设计能力、原型制作和线框图工具的使用、项目管理和团队协作能力，以及对数据分析的理解和应用，都是数字界面设计者在实现用户需求和商业目标中不可或缺的技能。持续学习和适应新技术的能力，以及品牌和市场知识的融合，进一步增强了数字界面设计者在提升产品市场竞争力方面的作用。最后，通过用户测试和可用性评估，数字界面设计者能够收集反馈，不断优化设计，确保最终产品能够真正满足用户的实际需求。

表 1-2　互联网项目团队构成及主要职责

项目经理	负责项目计划和进度跟踪，降低时间风险，确保项目按时完成
产品经理	评估产品机会，定义解决方案，与设计和开发团队合作，确保产品满足用户需求
设计团队	包括交互设计师、视觉设计师、用户研究员等，负责创造流畅的用户体验，将功能与设计结合
QA 团队	负责制定上线审核标准，进行产品测试，确保产品质量
BD 团队	负责商务拓展，寻求资源、业务合作，扩大企业的业务范围
运营团队	负责市场营销、用户运营、内容运营等，吸引并留住用户，推动产品的可持续发展
开发团队	前端和后端工程师负责用技术实现产品，根据需求将设计转化为界面和功能

【UI 与 UX 的区别与联系】

案例

　　腾讯校园招聘启事中对不同设计岗位的描述揭示了数字界面设计领域的跨学科特性（见表 1-3）。数字界面设计者在这一领域不仅需要深厚的艺术和设计功底，还必须了解计算机科学、人机交互、心理学和市场营销等学科的知识。这种跨学科的要求意味着数字界面设计者在设计过程中，不仅要关注视觉美感，还要考虑技术实现、用户体验、用户心理及市场定位等方面因素。这样的综合能力使设计者能够在设计过程中更好地平衡创意与实用性，创造出既符合用户需求，又具有市场竞争力的产品。

表 1-3　腾讯校园招聘岗位及要求

招聘岗位	岗位描述	岗位要求	岗位类型	专业要求
用户研究	精通定性和定量用户研究方法，包括问卷调查、用户访谈、可用性测试、启发式评估和眼动追踪等	具备全局视野，逻辑思维出众，积极主动，执行力强，拥有出色的理解、沟通与协调能力，以及良好的文字表达能力	设计类	人机交互、认知心理学、社会学、统计学、市场营销或计算机相关专业
交互设计	熟悉用户体验设计的基本流程和方法论	具备大局观，逻辑思维能力强，主动性强，具备优秀的理解、沟通与协调能力，有一定的文字表达能力；富有创造力和激情，热衷于互联网，喜欢动手实践，乐于尝试不同的产品	设计类	工业设计、交互设计、计算机、人机交互等相关专业本科及以上学历
视觉设计	对设计充满热情，拥有扎实的设计理论知识和敏锐的市场趋势洞察力	精通 Photoshop、Flash、Illustrator 等设计工具；具备出色的沟通能力和团队合作精神	设计类	美术、设计相关专业本科或研究生
UI 开发	设计与开发的综合体，对 Web 标准有深入的理解，熟练掌握图像处理和代码编辑工具，精通 Web 前端跨平台开发技术，包括 XHTML、XML、CSS、JavaScript 等	具备 HTML5、CSS3、性能优化和 SEO 的实际研究与实践经验；至少熟悉一种 MVC 或 MVVM 框架，如 Vue、React、Angular；了解后端脚本语言，如 Java、PHP、CGI；对机器学习和训练算法有认识，熟悉多终端平台（如手机、打印机、视障阅读器）的开发	设计类	专业不限
市场研究	具备强烈的探索精神和对研究分析工作的浓厚兴趣；在理解用户心理和行为方面拥有坚实的理论基础或丰富的实践经验	善于与人沟通，掌握有效的访谈技巧，熟悉定性研究方法；具备出色的问题分析、总结能力，以及敏锐的数据洞察力和逻辑思维；具备优秀的沟通、协调、书面表达和演讲能力，熟练运用 SPSS、SAS、Excel 等数据分析工具	市场/职能类	心理学、社会学、市场营销学、统计学等专业或相关专业
软件开发—前端开发方向	精通 JavaScript/TypeScript/HTML/CSS 等前端编程语言	至少具备一种后端技术（如 JSP、Python、PHP、Node.js）的知识；熟悉主流前端开发框架及 DevOps 工具；对 Web、app、小程序的前后端系统架构有深刻理解；具备扎实的算法基础；熟悉网络协议及相关底层网络知识	技术类	计算机相关专业本科及以上学历
软件开发—移动客户端开发方向	开发面向移动终端设备的互联网 app	热衷于编程，具备坚实的编程基础和对算法及数据结构的深入理解；至少精通一种编程语言，具有 C/C++/Java/Kotlin/Obj-C/Swift/Dart 等语言的开发经验者优先考虑；在 iOS、Android、HarmonyOS、Flutter 或大前端开发领域有实战经验者尤佳	技术类	计算机软件相关专业本科及以上学历
内容运营	能够负责资讯类产品的内容运营、编辑、分发、推广、策划、审核和商业化，社区类产品的活动、热点、达人、KOL、MCN、工会和赛事	具备专业技能，如节目制作、编剧、文学创作或音乐制作；对互联网充满热情，是年轻化娱乐性产品的忠实用户，对动漫和二次元文化有浓厚兴趣，对娱乐热点高度敏感，思维活跃，创意丰富，具备出色的沟通能力	产品类	新闻学、文学、广播电视、影视制片、节目编导、音乐等专业

　　注：根据腾讯校园招聘启事整理

小知识

尽管没有人能够精通所有知识，但通过持续学习和与团队成员的有效沟通及合作，数字界面设计者能够适应行业的变化，推动创新，并在团队中扮演重要角色。这种能力对在快速变化的数字界面设计领域保持竞争力至关重要。

三、互联网项目流程

互联网产品设计流程是确保产品成功的关键路径，首先，从挖掘需求机会点开始，涉及产品经理、运营团队、用户研究员和交互设计师的紧密合作；项目团队成员通过深入的用户分析、市场调研和

【一个 app 的诞生】

SWOT 分析来识别产品的机会和风险。然后，由产品经理、交互设计师和开发团队共同进行需求分析和评审，确保对项目背景和目标有清晰的理解。接着，交互设计师和用户研究员探索和聚焦设计机会点，基于用户需求、技术可行性和商业可持续性设定产品设计目标。在概念设计阶段，交互设计师和视觉设计师根据目标分析用户需求和痛点，构建解决方案和产品架构，并制定设计策略。在详细设计阶段，项目团队成员共同进行"头脑风暴"，绘制设计初稿，通过设计评审和可用性测试来完善设计。在开发过程中，开发团队、用户测试员、交互设计师和视觉设计师共同参与技术评审，进行 A/B 测试，确保设计还原，为上线做好准备。最后，产品经理、运营团队和交互设计师验证产品上线结果，通过数据分析和用户反馈来评估产品表现。在整个流程中，从需求分析到设计评估是项目团队专业能力的集中体现，也是产品创新和优化的核心环节。

当前，AI、大数据、云计算等技术的突破，为设计实践带来了新的视角和可能性。这些技术不仅扩展了 app 设计的范畴，还为设计者提供了强大的工具，使设计工作更加智能化和高效。本书将深入探讨 app 设计的核心要素，特别强调用户研究的重要性。这要求设计者深入理解用户的需求、行为模式和偏好，从而设计出超出用户预期的产品。交互设计是实现这一目标的关键，它要求设计者对用户的每一次操作都进行细致的规划，确保 app 的易用性和用户的整体体验。视觉设计同样不可或缺，它对塑造品牌形象和提升用户体验起着决定性作用，设计者需要具备良好的审美素养和对设计趋势的敏感洞察。随着技术的不断进步，这些知识将成为设计者在数字化世界中创造价值的重要资本。

单元训练和作业

1. 课题内容

项目选题，包括政策研读、竞品分析与优秀案例分析。

2. 课题作业

撰写一份关于如何通过 app 满足国家政策导向需求的调研报告。

3. 作业要求

调研报告不少于 1000 字。

4. 要点提示

（1）深入研读并理解党的二十大报告中提出的政策方向和目标，从中识别与数字经济和社会服务有关的潜在用户需求。

（2）通过市场调研和用户访谈，分析现有 app 的覆盖情况和用户的实际需求，确定哪些需求尚未被满足。

（3）进行竞品分析，评估技术可行性，结合优秀案例分析其成功之处。

（4）将调研结果和分析整理成一份包含引言、方法、发现、结论和建议的报告，确保内容准确、逻辑清晰且符合学术规范。

第二章
用户研究方法

教学要求

通过本章学习，学生应当能够深入理解用户调研的流程，学会用户数据采集；具备分析用户数据的能力，能够从用户数据中提取关键信息，并将其转化为设计洞察。

教学目标

让学生掌握用户调研的流程，能够制订用户调研计划、执行数据采集和数据分析、撰写用户调研报告，能够运用所学知识解决实际问题，提出创新的设计解决方案；强化学生的职业道德，确保其在用户调研活动中尊重用户隐私，遵守法律法规。

教学框架

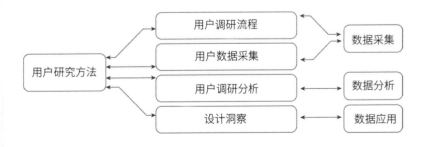

用户研究方法在产品设计与开发中起着关键作用，帮助设计者和开发者深入理解目标用户群体的需求、行为、动机和痛点。通过科学的用户研究方法，团队能够获取真实的用户反馈，并将这些洞察转化为有效的设计决策，从而打造更加符合用户期望的产品。随着用户需求的多样化和技术环境的变化，用户研究方法也不断发展，包括定性研究、定量研究及两者相结合的方法。用户访谈、焦点小组、问卷调查等方法，均为团队提供了多角度分析用户行为的工具。通过本章的学习，学生将掌握如何有效开展用户调研，将研究结果应用于设计和开发，进而设计出具有高可用性和用户满意度的产品。

第一节　用户调研流程

1. 用户调研框架

用户调研是一个全面且系统的过程，它从发现用户需求和问题开始，经过设计和交付解决方案，最终通过测试和反馈来验证效果。这个过程被细分为发现与定义、设计与交付、测试与反馈 3 个阶段，与双钻模型对应（如图 2.1 所示）。

（1）发现与定义阶段是用户调研的起点，重点在于理解用户的行为和需求。团队通过行为研究方法，如情境调查、卡片分类法、日记研究法等，来揭示用户的实际行为和使用习惯。这些方法帮助团队发现用户与产品交互的模式，识别用户面临的问题和挑战，从而为设计提供依据。

（2）在设计与交付阶段，团队利用在发现与定义阶段采集的数据和洞察，开始设计解决方案。设计与交付阶段涉及可用性研究、概念测试等方法，确保设计方案能够解决用户的实际问题，并满足他们的需求。这个阶段的目标是创造出直观、易用且有效的产品。

（3）测试与反馈阶段涉及数据分析、A/B 测试、拦截调查、电子邮件调查和用户反馈等方法。这些方法用于验证解决方案的有效性，收集用户对设计的直接反馈，评估用户满意度，衡量产品性能。通过这些测试与反馈，团队可以了解设计是否达到了既定目标，根据用户的实际使用情况对设计进行优化和迭代。

整个用户调研框架是一个动态的循环过程，每一个阶段都为下一个阶段提供输入内容和指导，确保设计解决方案能够不断进化，更好地服务于用户。

2. 用户调研的通用流程

（1）确定调研目标。在开始进行用户调研之前，团队需要明确调研目标。这包括确定要解决的问题、期望达到的效果，以及调研如何影响产品的设计和开发。

（2）制订调研计划。制订详细的计划是确保用户调研顺利进行的关键。这包括确定调研方法、选择样本、制订数据采集和数据分析的时间表，以及进行资源分配等。

（3）确定目标用户群体。确定目标用户群体是用户调研的重要前提。这包括识别潜在用户的特征、需求和偏好，以便在后续的研究过程中更好地定位和理解他们。

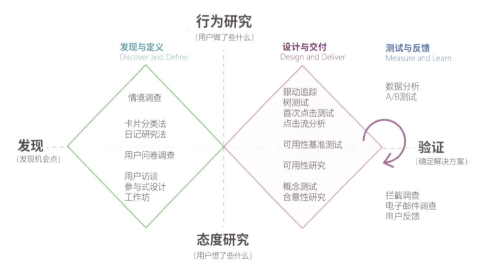

图 2.1　用户调研框架

（4）选择合适的调研方法。根据调研目标和目标用户群体的特点，团队需要选择合适的调研方法进行数据采集。常见的调研方法包括用户访谈、焦点小组、问卷调查、原型测试、用户观察等。

（5）数据采集。根据制订的调研计划，团队需要利用选定的调研方法对目标用户群体进行数据采集。这可能涉及组织访谈、开展焦点小组讨论、设计问卷调查、制作原型并进行测试等操作。

（6）数据分析与总结。在采集到足够多的数据后，团队需要对数据进行分析并从中提取有用的信息。这包括整理和归纳调研结果，发现用户需求、偏好和行为模式，并对这些信息进行总结和概括。

（7）提出设计建议。基于对用户需求的理解和分析，团队需要提出具体的设计建议和改进建议。这可能包括对产品功能、界面设计、用户体验等方面的优化建议，以提高产品的质量和用户满意度。

（8）分享和沟通结果。团队还需要将调研结果和设计建议与利益相关者进行分享和沟通。这包括撰写调研报告、举行汇报会议等方式，以确保调研结果能够被有效地应用到产品的设计和开发中。

3. 调研方法的选择

（1）考虑用户调研目标。用户调研的核心目标是深入理解用户需求，以便设计出能够满足这些需求的产品。这一过程不仅仅是指采集数据，更重要的是要通过这些数据洞察用户的真实需求和期望。为了实现这一目标，用户调研需要超越表面的观察和数据采集，深入用户的生活情境，理解用户的行为、动机和情感。

用户调研根据产品的不同发展阶段采取不同的策略：对于已存在的产品，用户调研着重于识别并解决现有问题，通过用户反馈和性能评估来优化产品功能和提升用户体验；而对于全新的产品，用户调研则侧重通过调研来构建设计原型，并在实际用户体验的基础上进行迭代，直至产品能够精准地满足目标用户群体的需求。

（2）比较定量研究和定性研究。定量研究和定性研究各具特点，适用于不同的调研目标。定量研究通常旨在通过采集大量数据并使用量化指标和变量进行分析，以实现量化评估、验证假设、发现模式或预测趋势等目的。例如，团队可以通过量化调查来了解用户对产品的满意度、市场的规模和增长趋势等。相比之下，定性研究则注重深入理解人们行为、态度和感

受背后的原因和意义，适用于探索性研究、理解用户体验、发现用户需求和意见等。例如，团队可以通过深度访谈、焦点小组等方法来探索用户对产品的使用体验和期望。定量研究和定性研究的结合可以为团队提供更全面和深入的理解，从而更好地指导产品设计和市场策略的制定。

（3）不同产品生命周期的调研方法选择。完整的产品生命周期被分为产品开发期、产品成长期、产品成熟期、产品衰退期 4 个阶段。不同阶段需要选择不同的【产品生命周期】调研方法。在产品开发期，团队需要进行深入的定性研究以发现用户需求和痛点，如通过深度访谈和焦点小组等方法。在产品成长期，团队应综合利用定量研究和定性研究，验证市场适应性和用户体验，如设计在线调查问卷并进行用户测试和观察。在产品成熟期，团队的重点可能转向市场维护和产品改进，使用市场调查和竞品分析等方法。在产品衰退期，团队可能会使用定量研究来评估产品的市场表现和剩余价值，以支持决策制定。综上所述，团队在不同阶段需要灵活选择合适的调研方法，以满足不同阶段的需求和目标，有效支持产品的发展和市场推广。

第二节　用户数据采集

一、观察法
1. 观察法概述

观察法是一种研究方法，它允许团队通过直接观察来采集关于特定现象或行为的数据。这种方法要求团队根据预先设定的调研目标和提纲，使用自己的感官或辅助工具（如照相机、录音机、录像机等）对观察对象进行系统的、有计划的观察。观察法的核心在于其目的性、计划性、系统性和可重复性，这意味着观察过程应该是有组织的，并可以被其他团队复制以验证结果的。

在进行观察时，团队可能会采用不同的观察法，如自然观察法（在自然环境中观察，不干预观察对象）和设计观察法（在控制环境中观察，可能涉及实验条件）。观察法可以是结构化的，团队需要使用特定的观察表和量表来记录数据；观察法也可以是非结构化的，团队需

要通过记叙性描述来捕捉细节。这种方法的优点在于能够提供真实、直接的数据，但同时也存在局限性，如人的偏见、时间限制及观察对象的自然状态等可能会对观察结果产生影响。

在数字界面设计中，观察法是一种重要的工具，它可以帮助设计者理解用户在特定情境下的行为模式，从而为数字界面设计提供宝贵的洞察。通过观察法，设计者能够发现用户在使用产品或体验服务时的痛点和需求，进而优化设计，提升用户体验。

案例

【IKOU 便携式椅子】

IKOU 便携式椅子的创意源自创始人松本友理的个人经历和观察，她发现脑瘫儿童很难自己保持坐姿，需要一把专为脑瘫儿童设计的椅子，让他们能够保持坐姿。但是，通过广泛的用户交流和观察，松本友理采集了大量的数据，发现现有适合脑瘫儿童坐的椅子存在诸多问题，如昂贵、笨重、不易携带。而且这些调研活动揭示了脑瘫儿童及其家庭希望拥有一款易于携带的椅子，借此缩小脑瘫儿童和健康儿童之间的"差距"。这个创意被 IDEO 公司的"underdesign"公益项目选中，项目团队帮助松本友理实现了她的创意，并且帮助她创立了"IKOU"品牌（如图 2.2 所示）。

2. 观察法的维度

在进行观察研究时，团队必须在布景、结构、公开性和参与水平这 4 个关键维度上对观察本身进行设计。

布景选择影响观察环境的自然性，自然观察提供真实数据，而实验观察便于控制变量。结构化观察适用于定量研究，要求预先定义类别和标准，而非结构化或半结构化观察则可能适用于定性研究，以捕捉更深入的细节。公开性涉及观察的透明度，公开观察可能影响观察对象的行为，而隐蔽观察则有助于记录自然行为，但团队需要平衡隐私保护与数据真实性。参与水平则关乎团队的活跃程度，非参与观察允许团队保持旁观，而参与观察则允许团队与观察对象互动，增进信任，但可能带来偏见。这些维度的设计对确保用户调研的有效性和可靠性至关重要。

3. 观察法的步骤

在进行观察之前，团队必须明确研究方向，包括定义核心问题、确立总体目标，了解相关领域的现有研究和理论背景。观察准备阶段涉及对观察对象和环境的深入了解，团队需要准备适当的观察工具和记录表格。在观察取样方法方面，团队可以选择对象取样、时间取样、场面取样、事件取样或阶段取样等方法，以获取代表性数据。观察的框架需要明确观察的范围和核心要素，借助 POEMS 观察框架表（如表 2-1 所示）可以有效捕捉人、物体、环境、信息和服务等关键要素。观察结束后，团队需要及时整理和归档数据，并进行深入的分析，揭示观察数据背后的模式、趋势和关联性。整个过程有助于确保研究的质量和有效性。

【心理学的观察法】

图 2.2　IKOU 便携式椅子

表 2-1　POEMS 观察框架表

目标				
观察内容				
POEMS				
人（People）	物体（Object）	环境（Environment）	信息（Message）	服务（Service）

案例

瑞士儿童心理学家让·皮亚杰被视为认知发展理论的奠基人。他通过观察法研究儿童的认知发展，以物体永久性实验为例，观察儿童如何理解"物体被遮挡或移出视野，仍然存在"的现象。通过在自然环境中的长期观察，他发现 6 个月以下的儿童对被遮挡的物体失去兴趣，而 8 ～ 12 个月的儿童则开始主动寻找被遮挡的物体，这显示出他们对物体永久性的理解（如图 2.3 所示）。让·皮亚杰的观察法深入揭示了儿童认知发展的过程，虽然这种方法有其局限性，但它为理解儿童思维提供了重要思路。

【物体永久性实验】

二、访谈法

1. 访谈法概述

访谈法是一种基础且关键的研究方法，团队通过与访谈对象进行直接对话来获取访谈对象对产品或服务的深入见解。这种方法在用户调研中尤为重要，因为它允许团队探索用户的行为模式、情感体验和对产品或服务的看法。访谈法的应用范围广泛，从产品设计初期的需求探索，到后期的用户反馈收集，再到竞品分析，团队都能通过访谈法获取宝贵的信息，更好地理解用户需求，构建用户故事，优化设计决策。在可用性测试中，访谈与观察结合，有助于精确评估产品的易用性。进行访谈时，重要的是建立信任，提出开放性问题，避免引导性问题，以确保数据的真实性和可靠性。

2. 访谈对象招募

在进行访谈之前，确定访谈对象是关键步骤。首先，团队需要明确调研目标，并编写详细的筛选文档以确保招募到符合要求的访谈对象。例如，对探索远程工作对年轻专业人士的影响的研究，团队可能会寻找在不同行业工作、具有一定工作年限的年轻专业人士作为访谈对象，确保访谈对象在年龄、性别和地理位置等方面具有多样性。其次，团队通过现有用户数据库、社交媒体平台等途径招募访谈对象，在招募信息中明确调研目标、访谈对象特征和参与方式，以吸引目标用户群体并保护访谈对象的隐私。在安排日程与邀请环节，团队需要精心规划并提供详细的邀请函，让访谈对象了解访谈安排，并在访谈前再次确认。最后，在访谈开始前的准备中，团队需要设计访谈提纲，准备设备，选择合适的环境，制订应对计划，以确保访谈顺利进行。

【招募用户体验研究人员】

图 2.3　让·皮亚杰与物体永久性实验

3. 访谈结构

在访谈开始前，团队首先需要明确阐述调研目标，确保访谈对象了解其参与的重要性。其次，团队需要进行自我介绍，包括职位和调研背景，以建立专业和可信的形象。再次，团队需要邀请访谈对象进行自我介绍，以了解其基本信息并建立联系。访谈规则的描述包括访谈流程、时间安排和隐私保护措施，确保访谈对象充分知情。最后，团队需要诚挚地感谢访谈对象的参与，营造积极、尊重的访谈氛围。

在访谈开始后的暖场阶段，团队需要通过轻松的对话帮助访谈对象放松，营造友好氛围，确保他们能够自由地分享见解。一般问题阶段包括提出基础性问题，为后续深入讨论作铺垫，引导访谈对象逐渐放松并进入更深入的话题。深入问题阶段需要团队根据访谈对象之前的回答提出更具体和有针对性的问题，揭示其行为背后的深层次原因和动机。回顾与总结阶段包括仔细回顾对话并进行概括性总结，以确保访谈对象的观点被正确理解和记录。结束语与感谢阶段需要团队再次表达对访谈对象的感激之情，以便未来再次合作。

4. 访谈类型

【结构化访谈和
非结构化访谈】

结构化访谈是一种高度标准化的访谈方法，通过预先设计好的框架和固定的问题流程来采集数据，确保了数据的一致性和可比性。尽管结构化访谈具有快速、系统地采集数据的优势，但其缺点在于可能无法充分捕捉访谈对象的个性化见解和深层次情感。为了弥补这一不足，团队可以在访谈中融入非结构化访谈的元素，允许访谈对象自由表达，在丰富定量数据的同时，也能够捕捉到更多的定性内容，实现对调研主题的全面理解。非结构化访谈是一种灵活的访谈方法，不依赖于预先设定的固定问题或标准化流程，能够捕捉到访谈对象的个性化见解和深层次情感，但也面临数据比较和分析具有复杂性的挑战，以及对团队的高敏感度和强洞察力的要求。这两种方法结合使用能够使调研结果更加立体和完整。

【利益相关者访谈】 【利益相关者地图】

利益相关者访谈是一种通过与项目或组织的关键利益相关者进行面对面的交流，以了解他们的需求、期望、担

忧及对项目或组织的影响力的访谈方法。这种访谈方法能帮助团队更好地了解各方利益，确保在项目的规划和执行过程中充分考虑到所有利益相关者的意见，从而提高项目的成功率。利益相关者访谈的形式多种多样，包括结构化访谈、半结构化访谈和非结构化访谈。结构化访谈使用预设的问题，确保所有访谈对象回答相同的问题，适合系统化数据采集；半结构化访谈具有一定的灵活性，允许在既定问题之外探讨新的话题，是最常见的形式；非结构化访谈则完全开放，没有固定问题，适合在初步探索阶段挖掘访谈对象的深层次观点。

5. 访谈技巧

【主持用户访谈的
技巧】

在非结构化访谈中，主持人的角色至关重要。他们需要具备清晰的发音和流畅的语言表达能力，以确保问题传达得既准确又自然。同时，主持人需要具备较强的同理心和亲和力，建立与访谈对象的信任关系，使访谈对象感到舒适并愿意分享真实想法；还需要保持客观，避免主观，确保对访谈对象的回答进行准确无误的总结。此外，主持人需要具备良好的现场控制能力，引导讨论，确保内容紧扣调研主题。广泛的知识背景也是主持人的重要素质，有助于理解访谈对象的回答并促进更深入的探讨。

在提问方式上，主持人应采取中性、客观的策略，避免提出具有明显倾向性或引导性的问题；提出的问题应该具有开放性，允许访谈对象自由表达，而不迫使他们朝着特定的方向回答。通过自然、鼓励性的方式对访谈对象的回答进行回应，主持人能够促进对话的深入和流畅，展现真正的关注和兴趣。在倾听访谈对象的回答后，主持人可以通过重复和释义确认理解的准确性，并采取适当的跟进策略，引导访谈深入核心问题，从而采集到对项目至关重要的信息。

6. 访谈环境

在布置访谈环境时，团队需要选择一个大小适中的空间，既不因过于宽敞而缺乏亲密感，也不因过于狭小而感觉拥挤，大小适中的空间有助于维持访谈的专注度和互动性。团队还需要确保灯光柔和适宜，避免灯光过强或过暗，以创造一个既专业又舒适的氛围。室内装饰和摆件应保持简洁，以减少干扰；座位的摆放应考虑主持人和访谈对象之间的距离，避免他们直接面对面，这样可以减少直接对视的压力，同时保持眼神交流的自然

性。这样的访谈环境布置有助于访谈对象放松，鼓励他们更开放地分享个人经历和观点，从而提高访谈的质量和效率。

7. 访谈记录

在访谈过程中，观察员或助理研究员的角色至关重要。他们专注于记录访谈对象的非言语行为，如表情、肢体语言和情绪反应，这有助于揭示访谈对象的真实感受和态度。为了提供一个不干扰访谈的私密观察环境，配备摄像头的用单面镜隔开的访谈室（如图 2.4 所示）是一个比较好的选择。在记录访谈过程时，团队可以采用拍摄并保存的方式，并对所有文件进行命名和分类，以便快速检索和管理。每个文件需要建立至少两份备份，并被存放在适宜的环境中，确保安全和长期可用性。访谈对象回答的内容即团队需要的关键数据，通常以表格的形式记录。这些内容不仅直接回答了提出的问题，还为进一步分析提供了基础。通过对不同访谈对象对同一问题回答的内容进行比较分析，团队可以洞察访谈对象的思考方式、价值观、态度及对产品或服务的期望。

三、焦点小组

1. 焦点小组概述

焦点小组是一种定性研究方法，通常由一组参与者组成，他们被邀请就特定话题进行集体讨论。焦点小组旨在通过深入的群体讨论来探索参与者对某一特定话题的态度、观点及相关经验。这种方法能够帮助团队更好地理解群体的共同观点和感受，发现潜在的问题、需求和机会。

焦点小组通常由主持人引导，主持人

【焦点小组】

负责提出问题，引导讨论，确保讨论的顺畅进行，并在适当的时候引导参与者进行必要的深入探讨。参与者在讨论过程中可以自由发表意见。

焦点小组的参与者通常是某一特定群体的代表，他们可能具有相似的背景（如经验或兴趣）。通过集体讨论，团队可以深入了解这一特定群体的共同特点、需求和偏好，为后续的产品设计、市场营销等方面提供有价值的参考和建议。

焦点小组常用于市场调研、产品设计、广告策划等领域，能够帮助团队更好地了解目标用户群体的需求和反馈，从而优化产品或服务，提高用户满意度。

2. 焦点小组的特点

焦点小组采用一种集体讨论的形式，通常由 5～10 名参与者组成，每个参与者代表特定群体就特定话题展开深入探讨。在开放且交互的氛围中，参与者自由发表意见，而主持人则引导和控制讨论的进行，确保调研目标得以实现。通过选择具有代表性和多样性的参与者，焦点小组能够深入挖掘群体的态度、观点及相关经验，为产品设计、市场营销等方面提供有价值的参考和建议。

3. 焦点小组的流程

焦点小组的流程通常包括几个关键步骤。第一步，确定调研目标和主题，招募符合条件的参与者。第二步，制定详细的讨论指南或议程，安排好场地和设备。在确定的时间和地点，组织焦点小组讨论，主持人引导讨论，参与者自由交流并发表意见。第三步，记录重要的讨论内容，对采集到的数据进行整理和分析，归纳总结参与者的见解。第四步，撰写报告或总结，对调研结果进行分享和沟通，以促进后续的决策和行动。

图 2.4　配备摄像头的用单面镜隔开的访谈室

【问卷法】

四、问卷法

1. 问卷法概述

问卷法是一种常用的研究方法，被广泛用于社会科学、市场研究和用户调研领域。通过设计标准化问卷，团队可以收集个体或群体的行为、态度和价值观等信息。标准化问卷通常包含开放式问题或选择题，团队通过统计分析回答得出结论。问卷法虽然操作简便且成本效益高，但存在回答偏差、低回应率和样本代表性要求高等局限。与问卷不同，量表是一种更为标准化的测量工具，基于心理学理论，被用于评估个体的心理特质或行为。量表的设计和编制过程更严格，包括理论验证、条目筛选、预实验和信效度检验等步骤。因此，虽然问卷和量表在实际应用中有交集，但在目的、设计和分析方法上存在根本差异。

案例

如表 2-2 所示，抑郁自评量表（Self-Rating Depression Scale，SDS）由威廉·K. 庄在 1965 年编制，因其简便性和直观性被广泛用于评估抑郁症状。这个量表不仅适用于精神药理学研究，还适用于临床实践，帮助医生和医学研究者了解参与者的抑郁程度或治疗效果。

SDS 包含 20 个项目，参与者需要根据过去一周内的感受对每个项目进行评分。评分分为 4 个等级：A（没有或很少时间）、B（小部分时间）、C（相当多时间）和 D（绝大部分或全部时间）。通过这些评分，医生和医学研究者可以计算出总分，进而了解参与者的抑郁程度或治疗效果。

表 2-2　SDS 的部分内容

	A（没有或很少时间）	B（小部分时间）	C（相当多时间）	D（绝大部分或全部时间）
1. 我觉得闷闷不乐，情绪低沉	1	2	3	4
*2. 我觉得一天中早晨最好	4	3	2	1
3. 一阵阵哭出来或觉得想哭	1	2	3	4
4. 我晚上睡眠不好	1	2	3	4
*5. 我吃得跟平常一样多	4	3	2	1
*6. 我与异性密切接触时和以往一样感到愉快	4	3	2	1
7. 我发觉我的体重在下降	1	2	3	4
8. 我有便秘的苦恼	1	2	3	4
9. 心跳比平常快	1	2	3	4
10. 我无缘无故地感到疲乏	1	2	3	4
……				

注：带 * 的为反向评分题。本案例仅作为教学范例，不作为心理评估依据，如果您需要进行 SDS 测试，建议在专业心理咨询师或医生的指导下进行，以确保正确理解和使用量表。此外，SDS 的结果应作为评估抑郁症状的一个参考，而不是唯一的诊断依据。

案例

××大学课题团队针对目前大学生心理健康问题进行了问卷设计，并向全市大学发放问卷（如图 2.5 所示）；主要想了解目前大学生的压力来源及压力缓解途径，以推出相关的心理健康支持服务。

2. 问卷法分类

问卷法作为一种被广泛使用的用户数据采集工具。根据问题的结构程度，问卷可以被分为 3 种主要类型：结构问卷、无结构问卷和半结构问卷。每种类型都有其特点和适用场景。结构问卷包含固定答案选项的问题，适用于快速采集大量数据的场景，如市场调研和人口统

大学生心理健康调查问卷

您好！我们是××大学的学生，现在正在进行关于大学生心理健康的调查，我们想通过您了解目前大学生的压力来源及压力缓解途径，以便我们能够更好地设计心理健康支持服务。

您的参与对本次调查十分重要，答案没有对错之分，请您根据自己的实际情况，如实填写以下问题。本问卷为无记名调查，您的信息将被严格保密。

谢谢您的合作！

基本信息

1. 性别：
   - ○ □ 男
   - ○ □ 女
   - ○ □ 不愿透露

2. 年级：
   - ○ □ 大一
   - ○ □ 大二
   - ○ □ 大三
   - ○ □ 大四
   - ○ □ 研究生

3. 专业领域：
   - ○ □ 文科
   - ○ □ 理科
   - ○ □ 工科
   - ○ □ 商科
   - ○ □ 其他：_____

压力来源

4. 您认为目前面临的最大压力来源是什么？（可多选）
   - ○ □ 学业压力
   - ○ □ 人际关系
   - ○ □ 就业前景
   - ○ □ 家庭经济状况
   - ○ □ 恋爱关系
   - ○ □ 其他：_____

5. 您通常如何应对学业压力？（可多选）
   - ○ □ 自我学习
   - ○ □ 寻求同学帮助
   - ○ □ 参加学习小组
   - ○ □ 找老师咨询
   - ○ □ 其他：_____

压力缓解途径

6. 当您感到有压力时，您通常采取哪些方式来缓解压力？（可多选）
   - ○ □ 运动
   - ○ □ 听音乐
   - ○ □ 看电影或电视剧
   - ○ □ 与朋友聊天
   - ○ □ 写日记或绘画
   - ○ □ 冥想或瑜伽
   - ○ □ 其他：_____

7. 您是否寻求过专业的心理健康服务？（如心理咨询）
   - ○ □ 是
   - ○ □ 否

如果选择"是"，请描述您的经历和感受。
8. 您认为学校应该如何提供心理健康支持服务？
   - ○ □ 增加心理咨询资源
   - ○ □ 开设心理健康课程
   - ○ □ 举办压力管理讲座
   - ○ □ 提供在线心理咨询服务
   - ○ □ 其他建议：_____

图 2.5　大学生心理健康调查问卷示例

计。无结构问卷允许参与者自由表达意见，适用于深入了解复杂问题的场景。半结构问卷结合了结构化和开放式问题，适用于探索性研究，提供了数据量化和深入分析的双重优势。

根据填写方式，问卷可以被分为代填问卷和自填问卷，代填问卷适用于无法独立填写的群体，而自填问卷则提供了更强的隐私性和匿名性。在现代调查中，网络问卷已成为主流选择，问卷星等平台提供了方便快捷的设计、分发和分析工具，适用于各种调查需求。

案例

例如，一家连锁咖啡店为了提升顾客体验，可能会设计一份包含标准化问题的问卷来评估顾客对其服务和产品的满意程度。这份问卷可能包含对服务速度、咖啡口感、店内环境、价格合理性等方面的评价，通过设定一系列固定选项，如"非常满意""满意""一般""不满意"和"非常不满意"，让顾客根据自己的实际体验进行选择。这样的问卷设计（如图 2.6 所示）不仅便于顾

1. **基本信息：**
   - 顾客年龄
   - 性别
   - 职业
   - 平均每周光顾咖啡店的次数
2. **服务质量：**
   - 您对我们咖啡店的服务速度满意吗？
     - ☐ 非常满意
     - ☐ 满意
     - ☐ 一般
     - ☐ 不满意
     - ☐ 非常不满意
3. **产品质量：**
   - 您对我们咖啡的口感满意吗？
     - ☐ 非常满意
     - ☐ 满意
     - ☐ 一般
     - ☐ 不满意
     - ☐ 非常不满意
4. **环境与氛围：**
   - 您认为我们的店内环境如何？
     - ☐ 非常舒适
     - ☐ 舒适
     - ☐ 一般
     - ☐ 不舒适
     - ☐ 非常不舒适
5. **价格合理性：**
   - 您认为我们的价格与所提供的产品/服务相比如何？
     - ☐ 非常合理
     - ☐ 合理
     - ☐ 一般
     - ☐ 不合理
     - ☐ 非常不合理
6. **忠诚度与推荐意愿：**
   - 您会推荐我们的咖啡店给朋友吗？
     - ☐ 一定会
     - ☐ 可能会
     - ☐ 不确定
     - ☐ 可能不会
     - ☐ 一定不会

图 2.6 某咖啡店问卷示例

客快速回答，也使采集到的数据易于量化和分析，以帮助咖啡店管理层了解顾客的真实反馈，进而有针对性地改进产品和服务，提高顾客忠诚度。

3. 问卷设计

设计问卷是一个细致的过程，它包括封面信、指导语、基本信息、问题、回答选项和编码等关键部分。封面信通常用来说明调研目标和对参与者隐私的保护措施。指导语为参与者提供填写问卷的指导。基本信息部分用于收集参与者的背景资料。问题部分需要设计得既明确又与主题直接相关。回答选项需要清晰、简洁。编码需要便于后续的数据处理。

在设计问卷时，逻辑清晰和易于理解至关重要。预测试可以优化问卷，确保其有效性。现在，AI 工具如 ChatGPT、KimiChat、DeepSeek 等已经成为设计问卷的辅助工具，它们能够迅速生成问卷框架和问题，特别适合时间紧张或缺乏专业背景的情况。不过，这些工具生成的问题可能需要根据具体调研目标进行调整，以确保问题的准确性和能被参与者理解。

问题的设计需要考虑其类型和表述方式。开放式问题能够获取更深入的见解，而封闭式问题则便于进行量化分析。问题的设计还需要具体、明确，避免复合问题和引导性问题；避免使用否定句式，在处理敏感问题时格外小心，以保护参与者的隐私。

回答选项应根据调研目标定制，确保选项的穷尽性和互斥性。选项的排列顺序应具有逻辑性，通常从一般到具体、从简单到复杂，这样可以帮助参与者更好地思考，从而提高数据的质量和分析的准确性。

案例

问卷设计中的常见问题包括以下 4 个方面。

（1）含糊不清

错误的问法："您是否使用过我们的产品？"

正确的问法："您最近一次使用我们的产品是在什么时候？请在下面的选项中选择——一周内、一个月内、半年内、一年内或一年以上。"

（2）双重否定

错误的问法："您不认为我们的服务质量不好吧？"

正确的问法："您对我们的服务质量有何评价？请在下面的选项中选择——非常好、好、一般、差或非常差。"

（3）主观假设

错误的问法："您认为我们的价格是合理的吗？"

正确的问法："您认为我们的产品价格与其质量相符吗？请在下面的选项中选择——非常相符、比较相符、一般、不太相符或完全不相符。"

（4）顺序偏差

错误的问法："您对我们的服务满意吗？您会继续购买我们的产品吗？"

正确的问法："您对我们的服务满意吗？请在下面的选项中选择——非常满意、满意、一般、不满意或非常不满意。您会继续购买我们的产品吗？请在下面的选项中选择——是、否或不确定。"

4. 问卷法的实施

在进行问卷调查时，适当的抽样方法至关重要，常见的抽样方法包括简单随机抽样、系统抽样、分层抽样、整群抽样和多阶段抽样。这些方法根据调研目标、总体特性和资源限制来确定，以确保样本能够准确反映总体特性。问卷初稿常采用卡片法或框图法构建问卷结构，这有助于确保问卷内容的逻辑性和流畅性；而预测试和修正可能存在的问题，可以提高问卷的整体质量。预测试阶段可以采用客观检验法或主观评价法，评估问卷的有效性和可靠性，并通过专家反馈进行必要的调整，以确保问卷准确反映调研目标并易于参与者填写。

5. 问卷的发放、回收与分析

在问卷发放阶段，发放方式的选择对数据采集的效率和质量至关重要。当面发放问卷最直接有效，适用于需要详细解释或观察参与者反应的调研。网络问卷可通过多种平台进行推送，需要考虑参与者的上网习惯，并提供激励措施以提高参与度。邮寄发放问卷适用于需要进行广泛地理分布的样本。在问卷回收阶段，有效回收率超过 70% 至关重要。在问卷分析阶段，清洗数据至关重要，未完成、逻辑不一致或填写不认真的问卷需要被剔除。而统计分析需要结合定性和定量方法，利用统计软件和分析工具进行数据处理和结果解释，以确保分析过程的有效性和结果的准确性。

五、卡片法

1. 卡片法概述

卡片法是一种研究方法，参与者通过将包含不同概念、功能等信息的卡片进行分类，帮助团队深入理解用户如何组织和理解信息。这种方法可以是开放的，允许用户自由创建分类；也可以是封闭的，提供预设分类，如图 2.7 所示。无论是用于优化网站导航、内容管理系统，还是确定产品功能优先级，卡片法都能揭示用户的思维模式和需求。实施时，团队会观察用户如何分类并记录他们的决策逻辑，随后分析这些数据以指导产品设计。这种方法可以帮助团队了解用户如何组织信息，从而优化产品的信息架构。

图 2.7　卡片法预设分类

2. 卡片法准备与实施

团队在使用卡片法时，需要先准备卡纸、便利贴、白板等工具，然后在卡片上简洁地写下待分类的内容，并在背面标记序列号；招募 15～30 名用户，确保他们能代表大多数真实用户的不同类型，并提前通知他们活动的具体信息。活动开始前，团队需要向用户解释卡片法的目的和步骤，包括如何分类和记录分类的原因，同时设定好时间限制。用户可以单独或分组进行分类，团队成员在旁边观察，适时提供帮助，但要避免给用户带来压力。活动结束后，团队需要记录每个小组的分类结果和逻辑，并将这些信息保存起来。最后，团队需要分析数据，找出用户分类的共同点，根据这些信息调整产品的信息架构。对于大量数据，团队可以考虑使用自动化工具进行分析。在整个过程中，重要的是重视并尊重用户的反馈，因为这些反馈对提升用户体验至关重要。

3. 卡片法结果分析

卡片法是一种深入洞察用户心智模型的有效手段，它允许团队观察用户如何自然地对产品功能等信息进行组织。这种研究方法对构建直观、用户友好的产品导航系统至关重要，因为它揭示了用户内在的分类逻辑和偏好。在分析卡片分类的结果时，如果数据量较小，团队可以通过直接观察和讨论来理解用户的分类习惯和规律。这种方法简单直接，有助于团队成员共同探讨和理解用户的思维过程。

然而，当面临大量数据时，直接观察和讨论可能变得不切实际。这时，诸如层次聚类分析等定量分析，就显得尤为重要。这种分析可以帮助团队系统地识别用户分类的共同点和差异，从而为产品的信息架构提供科学的数据支持。通过将用户的分类结果输入专门的分析软件，如IBM Ezsort、CardZort 和 Optimal，团队可以获得更深入的洞察。这些分析软件能够处理复杂的数据集，生成可视化的图表，如树状图或簇状图，使分析结果更加直观和易于理解。这样，团队不仅能够看到用户是如何分类的，还能够基于这些数据作出更加精准的设计决策，确保产品的信息架构能够满足用户的实际需求。

第三节 用户调研分析

将调研数据转化为有价值的研究结论，需要运用多种数据分析方法。例如，同理心地图可以揭示用户的真实需求和痛点；数据可视化通过图表直观地展示数据趋势，易于理解；鱼骨图揭示问题的根本原因；卡片法和知觉图则帮助团队发现数据中的共同点和关系；情景分析法和用户画像分别通过模拟未来情景和创建用户画像来指导设计；故事板描述用户体验流程；可用性测试和A/B 测试通过用户反馈来优化设计；用户点击行为分析和流量转化率分析揭示用户行为和转化效率；网站数据分析则提供了网站性能的全面视图。这些方法的结合使用，能够为团队提供多维度的洞察，从而将调研数据转化为具体的设计改进建议。

一、数据可视化

1. 数据可视化概述

数据可视化是一种将数据通过图形或图像形式展

【什么是数据可视化】

现出来的技术，它使复杂的数据集变得直观易懂。这种技术利用各种图表、图形和地图等视觉元素，帮助人们快速识别数据中的模式、趋势和关联。数据可视化的目标是简化数据分析过程，提高信息的传达效率，使非专业人士也能轻松理解数据内容，如图 2.8 所示。

图 2.8 调研数据可视化

2. 数据可视化类型

数据可视化专家安德鲁·阿伯拉制定了一系列图表建议指南（如图 2.9 所示），旨在帮助用户基于数据的不同需求挑选最合适的图表类型。他将数据可视化分为4 个主要方面：比较、关系、构成和分布。在比较不同类别的数值时，他推荐使用柱状图、条形图或折线图，因为这些图表能有效地展示组间差异。当展示两个变量的关系时，散点图能揭示它们之间可能存在的模式或趋势。当展示数据构成，即各部分在整体中所占比例的情况时，饼图和环形图是理想选择，有助于理解数据的构成。而直方图、箱线图和小提琴图等图表类型则适用于展示数据分布，包括集中趋势、离散程度和异常值。可

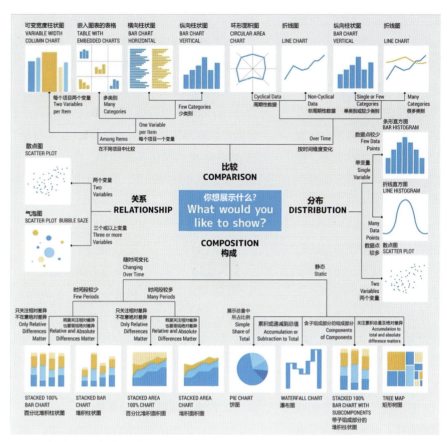

【安德鲁·阿伯拉的
图表建议指南】

图2.9　安德鲁·阿伯拉的图表建议指南

见，他的图表建议指南可以帮助包括数据分析师、设计师等在内的所有需要进行数据可视化的人作出恰当的图表选择。

以下是常见的几种图表类型。

（1）饼图，也被称为"扇形图"或"圆形图"，是一种用于展示数据占比的图表类型。它将一个圆形分割成多个扇形，每个扇形的大小代表其对应数据在总数据中的比例。饼图适合用来展示数据的组成部分，以及各部分之间的相对关系。

（2）柱状图是一种常用的数据可视化工具，它通过垂直或水平排列的柱形来表示数据的数值大小。每个柱形的高度或长度对应其代表的数值，从而直观地展示不同类别数据之间的比较。柱状图非常适合用于展示分类数据，如不同时间段、不同地区或不同群体的数据对比。柱状图的轴（X轴和Y轴）应该被清晰地标注出来，以便团队理解数据的单位和范围。柱状图通常用于商业报告、市场分析、科学研究等领域，帮助人们快速把握数据的相对大小和趋势。

（3）折线图是一种通过连接数据点来展示数据随时间或其他连续变量变化的图表类型。它由一系列数据点

（通常为圆点）和连接这些数据点的线段组成。折线图非常适合用于展示和分析时间序列数据，如股票价格、气温变化、销售额增长等。通过折线图，团队可以基于数据趋势作出更明智的预测和决策。

（4）散点图是一种用于展示两个变量之间关系的图表类型。它通过在坐标平面上绘制点来表示数据点，每个点的位置由其在两个维度上的值决定。横坐标（X轴）通常表示一个变量，纵坐标（Y轴）表示另一个变量。散点图可以帮助团队识别数据点之间的模式，如是否存在某种趋势、相关性或集群。通过散点图，团队可以更好地理解数据的内在结构，为进一步的数据分析和决策奠定基础。

（5）雷达图，也被称为"蜘蛛网图"或"星形图"，是一种展示多个变量的图表类型。它通过从中心向外延伸的轴来表示不同的度量，每条轴对应一个度量，而数据点在轴上的位置反映了该度量的数值。这种图表类型使团队能够一目了然地看到不同数据集在各个度量上的表现，从而进行直观的比较。雷达图不仅有助于揭示数据在各个度量上的相对强弱，还能展示整体的趋势和模式。

（6）气泡图通过在二维或三维空间中绘制气泡来展示数据点。气泡的位置、大小和颜色分别代表数据的不同维度。这种图表类型特别适用于展示和比较具有 3 个及以上变量的数据集。气泡图中通常有两个主要的坐标轴（X 轴和 Y 轴），它们分别代表两个主要的变量。气泡的位置由这两个变量的值决定。第三个维度通常由气泡的大小来表示，可以是数值的第三个度量，如数量、体积或强度等。有时，气泡的颜色也可以用于表示第四个维度，如数据点的类别或状态。通过观察气泡的分布，团队可以识别数据中的聚类、趋势和异常值。

在实际应用中，团队需要结合使用多种图表类型进行数据可视化，以便更有效地揭示数据背后的趋势和模式，如图 2.10 所示。

3. 数据可视化工具

数据可视化工具通过图表直观地展示和分析数据，它们提供了从基本展示到高级交互式可视化的各种功能，更便于从数据中提取洞察。市面上有许多这样的工具，例如，Tableau、Power BI 等，它们不仅能够创建图表，还能进行实时数据分析和协作。数据可视化工具

【Tableau 和 Power BI 的对比】

的选择需要考虑数据的复杂性、团队的工作流程及预算。

Tableau 利用 AI 技术来提高数据分析的效率和准确性。通过内置的 AI 功能，Tableau 能够自动发现数据中的模式、趋势和异常，帮助用户快速识别关键见解。这包括智能预测、自动聚类、趋势分析等功能，使用户无须深入了解复杂的统计学或机器学习模型即可进行高级数据分析。此外，Tableau 还提供智能建议和推荐，以帮助用户更好地选择适合其数据集和问题的可视化类型和分析方法。通过将 AI 与数据可视化无缝集成，Tableau 使用户能够更快地从数据中获得洞见，并作出更明智的业务决策，如图 2.11 所示。

【同理心地图】

二、同理心地图

1. 同理心地图概述

同理心地图，也被称为"共情图"，它是一个常用的用户调研工具，帮助团队深入理解用户的需求和体验。而使用同理心地图的主要目的就是深入了解用户的行为、需求和动机，开发出满足他们需求的产品或服务。

2. 同理心地图的 6 个要素

同理心地图的 6 个要素，即听、说、想、看、痛点和期望（如图 2.12 所示），为团队提供了一个结构化框架来整理和分析用户调研数据。

（1）听：用户周围的人都说了什么，其他影响者说了什么，即周围社会环境的声音。

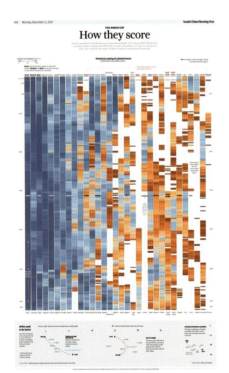
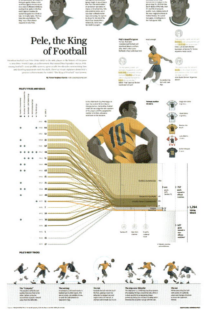
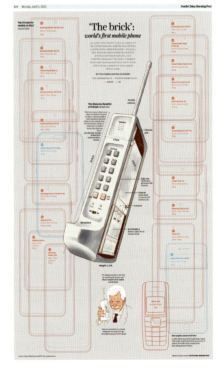

图 2.10 不同类型的数据可视化设计

图 2.11　Tableau 可视化分析

图 2.12　同理心地图及其应用场景

（2）说：公共场合的态度、外在表现，对别人的行为的反应，访谈时说的话。

（3）想：想法与态度、立场与观点。

（4）看：人的行为、事物、环境。

（5）痛点：恐惧、挫折、障碍。

（6）期望：期待、需要、成就。

3. 同理心地图的制作步骤

在用户访谈后，同理心地图可以用于用户建模，将收集到的信息进行梳理和归纳，提炼出用户画像。这个过程包括以下 3 个步骤。

（1）为每个受访用户创建一个同理心地图，记录他们在特定场景下的听、说、想、看、痛点和期望。

（2）用线连接形成 4 个维度，明确与痛点和期望的关联；将用户的同类行为和感受与痛点和期望关联，提炼出用户的主要特征。

（3）将具有相似特征的用户归为一类，形成用户群体，如"注重性价比的实惠型用户""注重质量的品质型用户"等。

在用户建模完成后，同理心地图还可以用于丰富用户画像，通过更详细的描述来展示用户的行为、偏好和痛点，帮助团队建立更深刻的理解和统一的认知。这种细化的描述有助于团队在后续的设计过程中挖掘痛点和机会点。

【亲和图】

三、亲和图

1. 亲和图概述

亲和图由日本东京工业大学教授川喜田二郎编制，也被称为"KJ法"或"A型图解法"，是一种用于组织和整理大量定性数据的方法，通过将相似或相关的信息分组，帮助识别潜在的模式、主题和关系。这种方法常用于用户调研、"头脑风暴"或问题分析的过程，能够将复杂的、杂乱的信息整理成有序的结构，从而为决策和设计提供清晰的指导。亲和图的目的是帮助团队成员共同理解复杂问题，发现潜在的解决方案，适用于团队讨论和创意生成过程，如图2.13所示。在亲和图中，团队通过合作将数据点（如用户反馈）写在卡片上并分组，揭示数据间的关联，旨在共同理解问题并寻找解决方案。而卡片法则侧重用户体验设计，通过让用户对信息卡片进行分类，帮助理解用户如何组织信息，以优化产品结构。

2. 亲和图的应用场景

在用户调研中，亲和图帮助团队整理和分类从访谈、问卷或观察中采集的大量定性数据，识别用户的关键需求、痛点和行为模式。在"头脑风暴"过程中，团队使用亲和图将产生的众多想法分组，识别核心主题或方向。此外，在复杂问题的分析中，亲和图通过将不同的原因、影响或观点进行整理，帮助团队更好地理解问题的本质，从而作出更有效的决策。

亲和图还常用于信息架构设计，通过将用户提供的信息分类归纳，帮助团队构建更符合用户思维的架构。无论是梳理用户需求、整合团队创意，还是分析复杂问题，亲和图都能帮助团队从大量的信息中提炼出有意义的模式和主题，为后续的设计和决策提供清晰的指导。

3. 亲和图的制作步骤

这个过程包括以下5个步骤。

（1）采集所有相关的定性数据，将这些信息记录在纸条上。

（2）将这些纸条随机放置在工作空间中，并逐步对信息进行分组；在分组过程中，积极讨论和分享观点，以确保分组逻辑的清晰和一致。

（3）通过进一步分析每个组别，找出核心主题，并为每个组别赋予简短的标签，以准确描述组内信息。

（4）完成初步分组后，对组别进行梳理和优化，合并相似组别或拆分过于复杂的组别，确保每个组别标签的准确性。

（5）将结果整理成亲和图，便于分享。

图2.13　亲和图应用场景

四、用户画像

1. 用户画像概述

用户画像是一种在产品开发过程中不可或缺的用户调研工具，它特别适用于产品概念阶段，尤其是当团队需要对目标用户群体有一个清晰而深入的理解时；通过构建一系列详细的虚拟用户画像，将用户的背景、行为习惯、需求和痛点具象化，使团队能够站在用户的立场上思考问题，如图 2.14 所示。在市场调研阶段，用户画像可以帮助团队识别和分析不同的用户细分市场，从而制定更精准的市场定位策略。在用户体验设计中，用户画像能够确保设计者关注用户的实际使用场景，优化产品的交互流程，提升整体的用户体验。此外，用户画像还是团队沟通的桥梁，它帮助团队成员共享对用户的理解，确保产品设计和开发的方向一致。在面对用户反馈或产品问题时，用户画像提供了一个具体的参考框架，帮助团队快速定位问题并找到解决方案。

【用户画像】

图 2.14　用户画像示例

2. 用户画像的类型

用户画像根据研究方法的不同，可以分为定性和定量两种类型。定性用户画像通常通过对 15 个左右的用户进行访谈和观察来创建，成本较低，适合小项目和一般项目，能够快速建立目标用户群体的初步模型，帮助团队深入理解用户的情感和动机。定量用户画像则需要 7～10 周的时间，运用聚类分析等技术对用户进行细分，虽然成本较高，但提供了更科学、客观的用户细分模型。定量分析的结果有时可能与现有的商业假设和方向相悖，这要求企业具有开放的心态，根据数据调整策略。在实际应用中，企业应根据项目的具体需求和资源状况，灵活选择或结合使用定性和定量用户画像，以确保产品设计和市场策略能够精准地满足目标用户群体的需求。

3. 用户画像的制作步骤

在用户画像制作领域，有多种方法论，其中艾伦·库珀的"七步法"和林恩·尼尔森的"十步法"是两种著名的制作框架。然而，在腾讯、阿里巴巴等互联网企业，为适应快节奏的开发环境，团队通常会对这些步骤进行精减或合并，采用更快速的迭代方法来满足项目需求。

团队在开始制作用户画像前须明确目标用户群体，在收集信息前须明确调研范围，针对性地挖掘真实用户的相关信息。

（1）整理分析现有数据，采集并分析团队对用户的理解、业务数据库中的用户数据及用户填写的表单等，以建立对目标用户群体的初步认知。

（2）提出假设，根据用户与服务的关联性提出目标用户群体的划分标准，如核心用户与次级核心用户，以及可能的用户角色。

（3）验证调研，结合定性和定量研究方法更有针对性地收集用户信息，定性研究用于直接收集用户行为和使用习惯，定量研究用于测试和验证假设。

（4）根据行为模型验证或修正假设，根据主题群组和假设的变量情况，选取具有代表性的用户再次进行访谈或调查。

（5）检查角色的完整性和冗余，审视和修正构建的用户模型，确保每个用户画像都是独特且全面的，同时合并行为模式相似的用户模型。

（6）构建使用场景中的用户画像，以第三人称的角度简洁地勾勒出用户角色的职业背景、日常生活及与产品的互动，着重描绘用户的行为模式和面临的挑战。

（7）迭代，根据产品需求变化和用户反馈，定期更新和迭代用户画像，确保其始终反映最新的用户需求和市场变化。

4. 用户画像模型

在构建用户画像时，团队要详细描述用户的行为、动机、环境和关系，通常包括以下内容（如图 2.15 所示）。

（1）用户分类：为特定用户群体分配一个易于理解和识别的名称（如 A 类用户）。

（2）人口学特征：性别、年龄、学历、职业、收入、

图 2.15　用户画像模型示例

【用户筛选】

城市等级等，这些特征可以用于初步筛选目标用户群体，也可以用于更精细的定位（如定性研究）。

（3）典型人物的一天 / 使用流程 / 生活形态：描述典型用户的日常生活、使用产品或服务的流程及他们的生活形态。

（4）典型原话引用：收集并引用用户的真实反馈和原话，以便更好地理解他们的需求和感受。

（5）关于产品的典型行为、态度等：分析用户的具体行为和态度，包括他们的使用习惯、偏好和反馈。

（6）消费或决策机制：研究用户在作出购买决策和使用产品或服务时的思考过程和影响因素。

（7）痛点及需求、产品机会点：识别用户的痛点和需求，并找出产品或服务可以改进或创新的机会点。

（8）其他内容：根据研究需求，可以进一步描述用户的兴趣、生活方式、价值观等，以便更全面地了解用户。

通过这些构成要素，用户画像模型能够帮助团队更深入地理解目标用户群体，从而生成更有效的市场策略和产品开发计划。

五、服务触点

1. 服务触点概述

服务触点是指服务对象（客户或用户）与服务提供者（服务商）在行为上相互接触的地方。这些触点可以是实体的，如商场的服务前台、餐厅的接待区；也可以是虚拟的，如在线购物网站、手机 app 的交互界面。服务触点是服务体验的关键组成部分，它们直接

【服务触点】

影响用户对服务的感知和满意度。对服务触点的设计和管理可以优化用户体验，提高服务质量和用户忠诚度。其中，对服务触点的设计需要考虑用户的需求、行为习惯及服务提供者的目标，以确保在这些触点上提供一致、高效且愉悦的服务。

2. 确定关键服务触点的步骤

确定服务设计中的关键触点涉及一系列步骤。团队需要理解用户与产品或服务互动的完整过程，即用户旅程；识别用户旅程中的关键阶段和事件，如意识阶段、考虑阶段、购买阶段、使用阶段和服务结束阶段；通过各种研究方法（如访谈法、焦点小组、问卷法等）收集用户的反馈和意见；了解用户在每个阶段的体验和感受，以及他们认为哪些触点对他们来说最重要和最具影响力；利用用户数据分析（如用户行为分析、用户反馈分析等）工具，深入了解用户在各个阶段的行为和偏好，通过数据分析，发现用户在哪些触点上花费了最多的时间，或者哪些触点导致最高的转化率或最低的满意度；将用户旅程中的关键触点与业务目标进行对比，确定哪些触点对实现业务目标最关键；与利益相关者讨论用户旅程和关键触点的识别，包括产品经理、设计者、开发人员等；综合以上收集的信息和分析结果，识别出最关键的服务触点。

3. 服务触点与用户旅程图的关系

用户旅程图是对用户与产品或服务互动过程的可视化呈现，展现了用户在整个旅程中所经历的阶段、情感和行为。它通常包括用户的目标、情感状态、关键动作等信息。服务触点则是用户与产品或服务进行接触的具体点，是用户旅程中的具体交互节点。

在用户旅程图中，服务触点被用来标记用户与产品或服务发生互动的具体位置。通过对服务触点的分析，团队可以更加深入地了解用户在不同阶段的体验和需求。同时，用户旅程图也反过来指导了对服务触点的识别和设计。在制作用户旅程图时，团队需要识别出用户在每个阶段的关键服务触点，并将它们整合到用户旅程图中，以便全面理解用户的体验过程。

六、用户旅程图

1. 用户旅程图概述

【用户旅程图】

用户旅程图是一种可视化工具，用于呈现用户与产品或服务之间交互的全过程（如图 2.16 所示）。它以用户的视角

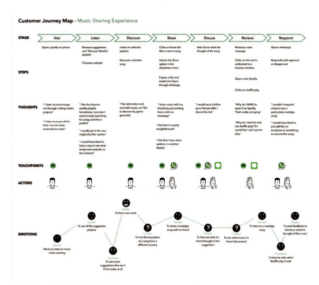

图 2.16　用户旅程图示例 1

来展示用户在整个体验过程中所经历的各个阶段，以及用户的情感、需求和行为。用户旅程图可以帮助团队更好地理解用户的体验，识别出用户体验中的问题和改进点，从而优化产品或服务。一般来说，用户旅程图包括用户阶段、用户情感、用户需求、关键行为和服务触点等要素。通过对用户旅程图的分析，团队可以有针对性地进行产品或服务的优化，提高用户满意度和体验质量。

2. 用户旅程图的构成要素

用户旅程图通常由多个部分组成，如图 2.17 所示。

（1）阶段。用户旅程图被划分为不同的阶段，每个阶段都代表用户在使用产品或体验服务过程中的一个关键阶段。

图 2.17　用户旅程图示例 2

（2）触点。每个阶段包含多个用户与产品或服务进行互动的触点。这些触点可以是线上或线下的，如网站、手机 app、客服电话、实体店铺等。

（3）行为。在每个阶段和触点上，用户可能采取行为或进行活动。这些行为或活动可以是搜索信息、填写表单、浏览产品页面、下单购买、发表评论等。

（4）情绪曲线。用户在每个阶段和触点上可能产生情感或体验，包括愉悦、失望、焦虑、满意等。这些情感或体验反映了用户对产品或服务的感受和态度。

（5）机会点。用户部分需求尚未被满足的转折点，会对用户体验和满意度产生重大影响，有利于产品或服务的重大突破。

（6）用户需求与痛点。用户在每个阶段和触点上的需求、期望和挑战，能够指导产品或服务的改进和优化。

用户旅程图的结构可以根据具体项目的需求和特点进行调整和扩展，以确保能够全面、准确地反映用户的体验和需求。

3. 用户旅程图的制作步骤

构建用户旅程图通常包括以下 7 个步骤。

【用户旅程图的制作步骤】

（1）确定目标。确定用户旅程图的具体目标和范围，明确要解决的问题或优化的方向。

（2）确定目标用户群体。确定要分析的目标用户群体，包括其特征、需求和期望。

（3）采集数据。采集关于用户体验的数据，可以通过用户访谈、问卷调查、观察用户行为等方式获取数据。

（4）识别关键触点。分析用户的整个互动过程，包括用户接触产品或服务的各个阶段，识别出关键的触点和关注点。

（5）制作用户旅程图。将采集到的数据整理成用户旅程图的形式，通常以时间轴为基础，沿着用户与产品或服务的互动过程展开，结合用户情感和体验，记录用户在不同阶段的行为、情感和痛点，如图 2.18 所示。

（6）完善和验证。完善用户旅程图的内容，确保每个阶段和触点都得到充分的描述和理解；与利益相关者一起验证用户旅程图的准确性和完整性，如图 2.19 所示。

（7）制定改进措施。根据用户旅程图的分析结果，确定需要改进或优化的方面，并制定相应的改进措施和优化策略。

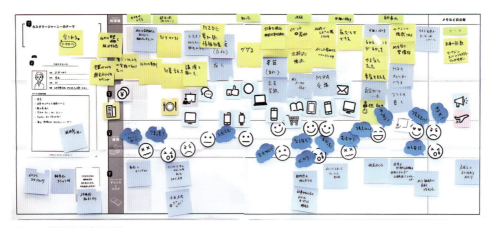

图 2.18　数据整理过程示例

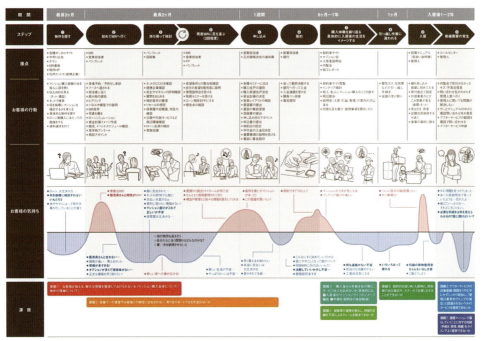

图 2.19　完善后的用户旅程图

4. 用户画像与用户旅程图的关系

　　用户旅程图通常根据用户画像中描述的不同用户群体设计，每个用户画像对应一个用户旅程图，以展示不同用户群体在服务过程中的体验。用户画像与用户旅程图相辅相成，用户画像可以帮助团队更好地理解目标用户群体的特征和需求，而用户旅程图则帮助团队深入了解用户在服务过程中的实际体验，从而指导服务设计和优化，如图 2.20 所示。

【服务蓝图】

七、服务蓝图

1. 服务蓝图概述

　　服务蓝图是一种图形化工具，用于可视化服务组件之间的关系。作为用户旅程图的延伸，服务蓝图以流程图的形式展示了整个服务的过程，包括用户与服务接触的各个环节，涉及的人员、技术和流程，以及在这些环节中的交互和关系。通过对服务蓝图的制作，团队可以更好地理解服务的运作机制，发现内部组织中可能存在的弱点，并识别优化的机会。

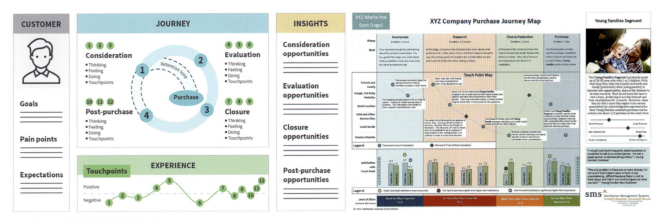

图 2.20　用户画像与用户旅程图示例

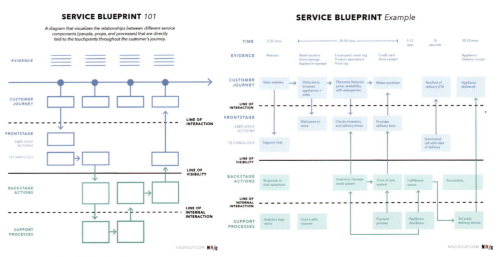

图 2.21　服务蓝图的构成要素

2. 服务蓝图的构成要素

构成服务蓝图的关键要素包括以下 3 点，如图 2.21 所示。

（1）用户行为。用户在与服务互动的过程中执行的行动，以达到特定的目标；用户行为通常来自研究或用户旅程图。

（2）前台行动。直接在用户视野中执行的行动，可以是人与人的交互，也可以是人与计算机的交互；人与人的交互是指与用户互动的前台员工执行的行动；人与计算机的交互是指用户与自助服务技术进行互动时执行的行动。

（3）后台行动。为支持前台行动而在幕后执行的行动；这些行动可能由幕后员工（如饭店的厨师）执行，也可能由前台员工执行，但对用户不可见（如服务员将订单输入厨房显示系统）。

在服务蓝图中，用户行为、前台行动和后台行动之间存在直接的关联，共同构成了服务的全貌。

3. 服务蓝图的制作步骤

（1）获得支持。建立一个跨学科团队，并确保获得利益相关者的支持。这些利益相关者可以是管理者或用户。

（2）确定目标。明确服务蓝图的范围和重点，选择一个具体的场景和相应的用户，并决定服务蓝图的细化程度，以及它将解决的直接业务目标。服务蓝图可以是对现有服务进行分析的"现状蓝图"，也可以是探索未来服务的"未来蓝图"。

（3）收集研究资料。进行用户调研和内部研究，以获取必要的信息。用户调研可以包括用户行为、选择、活动和交互等方面的数据，而内部研究则可以涉及员工的工作流程、对员工的观察和采访等。

（4）制作服务蓝图。组织一个研讨会，以确保团队成员达成共识。

团队成员如果都在同一个地点，可以使用大型便利贴在墙上进行绘制；如果分散在不同地点，可以使用在线白板工具进行协作。团队需要按照用户行为的顺序制作服务蓝图。这些行为可以从用户旅程图中获取，用户旅程图只需要包含关键服务触点和并行行为。随后，团队需要逐步记录员工的前台行动和后台行动。这些行动应该来自真实的员工，并通过内部研究进行验证。此外，团队需要在服务蓝图中添加员工所依赖的支持流程和证据。这些支持流程涉及所有员工的活动，包括那些通常不直接与用户互动的员工的活动。由此可见，服务质量通常受到这些在幕后进行的交互活动的影响。

【故事板】

（5）优化和分发。通过添加其他相关细节来优化服务蓝图，这些细节包括时间、箭头、指标和法规等。

八、故事板

1. 故事板概述

用户调研中的故事板是一种将用户调研结果以图像和文字形式呈现的方法。它通常由一系列的插图和简短的文字描述组成，用于展示用户在使用产品或体验服务时的情景。故事板的设计需要基于对用户的深入理解和研究，以及对他们使用产品或服务的真实场景的观察。故事板可以通过用户的行为、情感、需求和目标等元素，来展示用户的真实体验和反馈，从而帮助团队更好地了解用户，提升产品的用户体验并提高用户满意度。

2. 故事板在用户调研中的应用

在数据采集阶段，故事板能够帮助团队发现用户问题和需求，将用户体验转化为生动的故事情节，从而深入了解用户真实的使用场景。而在调研分析阶段，故事板则可以用来营造情景，展示用户体验，帮助团队更好地理解用户需求和期望，并为后续的设计工作提供指导和参考。综合而言，故事板在用户调研中发挥着重要作用，既是问题发现和需求挖掘的工具，也是情景营造和用户体验展示的手段。

3. 故事板的要素

（1）角色。在故事中扮演重要角色的人物形象。角色的行为、期望、感受及所作出的决定都非常关键，因为它们展示了角色的体验；每个故事至少包含一个角色。

（2）场景。角色所处的环境，应该具有真实世界的背景，包括地点和相关人物。

（3）情节。故事的主要情节，从一个具体事件（触发事件）开始，以解决方案的好处或角色面临的问题结束，情节应该在整个故事中连贯流畅。

（4）叙述。故事板的叙述应聚焦于角色试图实现的目标。故事应该有明确的开头和结尾，避免因直接解释设计细节而忽略背景。

古斯塔夫·弗赖塔格将故事分解为5个部分：引子、发展、高潮、落幕（解决方案）和结尾（结论）。这种叙事结构有助于故事的连贯性和吸引力，使读者更容易理解和沉浸在故事情节中。

4. 故事板的制作步骤

故事板的制作包括以下5个步骤，如图2.22所示。

（1）确定故事板的文字框架。使用纸、笔以纯本文的方式用箭头将故事分解为单个时刻，每个时刻都应提供相关信息，角色所作的决定及其结果，无论是好处还是问题。

（2）将情感融入故事。在每个步骤中添加表情符号，以表达角色的感受；可以通过简单的表情来描绘每种情感状态，让观者感受到角色情感状态的变化。

（3）勾画缩略图。在故事板的每一帧中粗略地勾画一个缩略图来讲述故事；强调每一个时刻，并思考角色对此的感受。

（4）添加细节。可以使用颜色、箭头等对用户与产品或服务的交互过程进行强调。

（5）展示给团队成员。在制作完故事板后，向其他团队成员展示，确保他们能够清楚地理解故事内容。

5. 制作故事板的注意事项

在制作故事板时，团队需要注意确保每个元素都清晰可见，包括文字、图像和箭头等，避免混乱；同时，通过融入情感，如角色的表情、姿势和思维气泡，传达角色的情感状态，使故事更具感染力。故事板应按照逻辑顺序排列，确保每一个步骤与下一个步骤紧密相连，使整个故事连贯流畅；还应保持简洁明了，避免添加过多不必要的细节，突出重点，让观者能够一目了然地理解故事的主旨。此外，团队还需要注意添加清晰的标注或注释，解释每个步骤的含义和背景，确保观者能够完全理解故事的内容；同时，注意景别的切换，远景、中景、近景、特写镜头的切换能够增强故事板的吸引力和表现力，如图2.23所示。

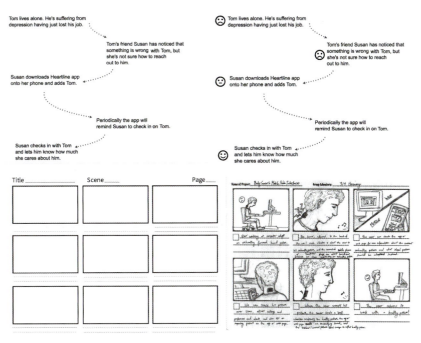

图 2.22　故事板的制作步骤

图 2.23　故事板示例

第四节　设计洞察

一、用户调研与设计洞察的关系

用户调研与设计洞察密切相关，两者相辅相成，共同推动产品设计的成功。用户调研是指通过对用户、市场和环境的深入研究和分析，收集相关信息，以了解用户需求、市场趋势和竞争情况等，为产品设计提供基础和方向。而设计洞察则是指在用户调研的基础上，对所获得的信息进行深入思考和分析，从中发现用户的真实需求、痛点和偏好，并从中汲取灵感和得到启发，为产品的创新和优化提供指导和支持。

具体而言，用户调研是采集大量的定量和定性数据的过程，包括用户访谈、观察研究、市场调查等，以获取全面而准确的信息。而设计洞察则是指在这些数据的基础上进行分析和归纳，从中挖掘出隐藏的用户需求和行为模式，识别出产品设计的关键问题和机遇，并提出相应的解决方案和创新点。

因此，用户调研提供了设计洞察所需的信息，为团队提供了深入了解用户和市场的机会，而设计洞察则是对这些信息的深入思考和理解，是对用户调研的结果进行的提炼和加工，指导产品设计的方向和策略。

案例

艾略特·科恩和 T. J. 帕克带领团队通过深入研究药物管理的痛点，重新设计了消费者与药房的互动方式，推出了 PillPack 在线药店并提供个性化包装的处方送货上门服务。药物配备时间标签，简化了药物整理和服用流程；耐用的分配器和旅行袋，确保消费者无论是在家还是外出都能方便服药，如图 2.24 所示。而 PillPack 的网站、消费者仪表板和实体产品都经过了重新设计，确保服务在每个触点都简单可靠。

【PillPack 在线药店】

图 2.24　PillPack 在线药店

【用户调研与市场调研的区别】

二、用户调研与市场调研的比较

用户调研与市场调研都是帮助企业了解目标用户群体和市场需求的重要工具，但它们的焦点和方法略有不同。

1. 用户调研

（1）焦点。用户调研主要关注产品或服务的设计方面，包括用户体验、界面设计、功能需求等。其目的是确保产品或服务能够满足用户的实际需求和期望，提高产品的实用性和用户满意度。

（2）方法。用户调研通常包括用户访谈、观察用户行为、原型测试、用户反馈收集等方法，以收集产品设计方面的信息和洞察。

2. 市场调研

（1）焦点。市场调研主要关注市场环境、竞争对手、目标用户群体、市场规模等方面。其目的是帮助企业了解市场需求、竞争情况和商业机会，以便制定合适的营销策略和产品定位。

（2）方法。市场调研通常包括问卷调查、访谈、市场分析报告、竞品分析、趋势预测等方法，以收集市场规模、增长趋势、目标用户特征、竞争对手策略等方面的信息。

案例

【Airbnb 的商业模式分析】

Airbnb 公司通过深入的市场调研发现了旅行和共享经济的趋势，识别出越来越多的旅客希望拥有个性化和本地化的住宿体验，并通过分析传统酒店行业和其他共享平台的市场定位，明确了自身的差异化优势。全面的用户调研帮助 Airbnb 公司了解了用户的需求和偏好，优化了平台的功能，建立了详细的用户画像和信任机制，提升了用户体验并增强了平台可靠性。其成功地利用共享经济理念，将闲置房源与旅客连接，提供多样化的住宿选择，注重用户体验，并通过扩展长期租赁和体验活动来增加收入；同时，利用全球化市场扩展策略，迅速在全球范围崛起，成为共享住宿领域的领军者。

【Mod Musings 便签产品开发流程】

三、从用户调研到设计洞察

用户调研是产品设计过程中的关键步骤，它涉及收集、分析和理解与产品设计有关的信息和洞察。从用户调研到设计洞察的一般流程如下。

（1）收集用户需求。观察和调查目标用户群体，对目标用户群体进行访谈，了解他们的需求、偏好和期望。

（2）分析市场情况。研究市场环境，包括竞争对手的产品、行业趋势、技术发展和用户反馈。

（3）技术调研。调查当前可用的技术解决方案和创新之处，评估其适用性、可行性和成本效益，包括了解现有技术的局限性和未来发展趋势。

（4）探索用户体验。通过原型测试、用户体验设计和用户旅程图等方法，深入了解用户与产品互动的体验。

（5）数据整合和分析。将收集到的用户反馈、市场数据和技术信息进行整合和分析，以发现潜在的模式、趋势和关联。

（6）制定设计洞察。根据对用户需求、市场情况和技术调研的综合分析，得出设计洞察。这些设计洞察是对用户行为、期望、市场趋势和技术趋势的深刻理解。

（7）确定设计方向。基于设计洞察，确定产品设计的方向和关键特性，根据用户需求、市场趋势和可用技术，制订合理的设计方案。

通过综合考虑用户需求、市场情况和技术可行性，用户调研可以为产品设计提供全面的支持和指导，确保产品满足用户需求，具有市场竞争力，并在技术上可行。

案例

Brooks England 曾面临着尊重传统和满足现代骑行者需求的挑战，故与 IDEO 公司合作，共同打造了 Cambium C17 自行车车座，如图 2.25 所示。这款车座采用硫化天然橡胶和有机棉材料，既保留了传统皮革的耐用性，又提供了即时舒适性和防风雨保护。技术调研涉及对新材料和制造工艺的深入研究，确保新款车座在质感和性能上与传统产品匹配，最终成功地满足了现代骑行者的需求。

案例

课题组教师参与了英国"Alzheimer Scotland"福利机构与亚马逊技术团队合作的"为阿尔茨海默病患者设

图 2.25 Cambium C17 自行车车座

计"的项目。鉴于患者的特殊性，团队难以直接采访他们。因此，团队运用了设计"民族志"的研究方法，通过向英国阿尔茨海默病相关组织申请一份为期 3 个月的公益商店志愿者工作，融入患者的生活（如图 2.26 所示）。通过观察法，团队密切观察了患者的社交行为、语言行为和心理需求等变化。在这一调研过程中，团队发现许多患者在患病前后的性格发生了显著变化，特别体现在其社交行为轨迹上。

团队还运用问卷法来了解患者社交范围内的人群对阿尔茨海默病的了解程度及大众对患者变化的接受程度。然而，问卷结果显示，即使是患者的家属，也不能完全理解其社交行为的变化。但团队在整理问卷结果时发现，问卷可能存在问题设置具有引导性的情况，得到的结果可能具有欺骗性。为了弥补这一不足，团队结合焦点小组和卡片法，制作了调研工具；在焦点小组中，根据参与者的反馈随时调整问题内容，以确保访谈的针对性和有效性（图 2.27 所示）。这些调研方法交替进行，每一次调研都逐步缩小范围，从而使团队更深入地理解患者的需求和行为。

在对调研结果进行分析时，团队发现了以下 5 个问题。

图 2.26　课题组教师在英国阿尔茨海默病公益商店做志愿者

图 2.27　焦点小组

（1）随着病情恶化，患者每天的社交场所也会发生变化。例如，原本喜欢安静场所的老年人在病情恶化后可能更倾向于选择嘈杂的超市等场所。

（2）患者在不同时间可能表现出不同的状态，他们不愿被定义为"病人"，对明显标记其健康状况的产品可能会产生排斥感。

（3）患者家属不能随时确定患者的位置，这增加了照顾的难度和压力。

（4）尽管与家属相处可以缓解病情，但许多患者选择独居。家属只有在周末才能探望，这导致他们无法理解患者的社交行为变化，也无法为患者选择可以让患者舒适的活动。

（5）在英国，当地医疗组织会录入患者信息并定期回访，但家属却无法及时了解患者的病情，这可能导致疏忽用药和延误康复训练。

综合以上问题，团队将设计焦点定位在患者、家属和组织的关系上。考虑到患者不愿被定义的心理，团队决定弱化设计产品的存在，并提出了设计关键词：社交、家属、行为、无意识设计等。

在进行设计洞察时，团队还对公益组织的心理专家进行了一对一访谈，她指出："大多数情况下，无论病情如何变化，患者更倾向于穿着或佩戴旧的东西来增强内心的安全感。"通过不断接触患者并观察他们的行为，团队发现了一个有趣的现象：参加工作坊的患者虽然整体着装在变化，但每次都会穿同一双鞋子。于是，团队通过进一步的资料查询发现，随着病情的恶化，患者的行走方式会发生变化。

因此，团队将设计重点放在了患者坚持穿着的那双鞋子上，探索如何在保证舒适性的同时实现无意识设计的目标，如图 2.28 所示。

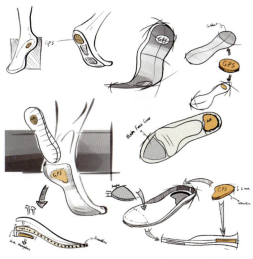

图 2.28 "勿忘我"带有定位功能的鞋垫与 app 设计

【"勿忘我"项目
的用户研究】

四、AI 时代的用户调研与设计洞察

在 AI 与大数据时代背景下，基于大数据的用户调研与设计洞察扮演着至关重要的角色。随着信息技术的迅速发展和数字化生活的普及，大数据已经成为获取深层用户洞察和市场趋势的主要来源之一。通过利用 AI 和机器学习等技术，团队能够更加高效地处理和分析海量数据，挖掘隐藏在数据背后的有价值的信息。这些信息不仅可以帮助团队深入了解用户的行为模式、偏好和需求，还可以为产品的功能设计、用户体验优化和市场营销提供重要参考。

在设计洞察阶段，团队可以借助类似 ChatGPT 这样的 AI 工具来获取观点和见解。AI 工具可以分析大量数据并提出潜在的设计方向和建议，但最终的判断和改进仍需要团队进行专业评估和决策。这样的协作模式能够充分利用 AI 的数据处理能力，加速设计洞察的过程，同时确保设计方案的准确性和创新性。

因此，在当前 AI 与大数据时代背景下，基于大数据的用户调研与设计洞察不仅是一种趋势，而且是团队提升产品竞争力和满足用户需求的重要手段。

单元训练和作业

1. 课题内容
用户调研与结果分析。

2. 课题要求
围绕大的选题方向，进行用户调研、设计分析与设计洞察，每个团队需要准备便利贴、计时器和记录工具。

完成：同理心地图、用户画像、用户旅程图、服务蓝图、故事板和设计简介。

3. 课题时间
12 课时。

4. 教学方式
教师分享与大食品、大健康、乡村振兴、智慧生活有关的成功 app 案例，展示如何通过用户体验设计方法满足用户需求和实现行业创新；教师引导学生讨论，确保 app 设计能够满足用户需求并适应行业发展趋势；学生团队围绕所选主题进行"头脑风暴"，确定 app 开发选题，并针对不同用户群体和使用场景进行功能规划。

最后，学生团队与教师进一步讨论选题，确保选题的创新性和可行性。

5. 要点提示

（1）在课题开始前，明确调研目标和关键问题，为整个调研流程设定清晰的方向和预期结果。

（2）根据团队成员的技能和兴趣进行合理分工，确保每个团队成员都能在其擅长的领域发挥最大效能。

（3）制订详细的调研计划，包括调研方法、样本选择和时间安排，确保数据采集的全面性和准确性。

（4）对采集到的原始数据进行分类和编码，使用便利贴等视觉工具帮助信息的整理和归纳。

（5）深入分析整理后的数据，识别用户行为模式和需求，形成有助于设计决策的深刻洞察。

（6）有效利用计时器和记录工具来提高团队的工作效率，确保讨论和记录的准确性。

（7）将调研结果转化为可视化的呈现形式，如同理心地图和用户画像，以便利益相关者理解。

（8）在每个阶段结束后，积极收集反馈，识别流程中的不足，并进行必要的调整和优化。

6. 教学要求

（1）确保学生了解课题的最终目标，包括用户调研的目的、结果分析的重要性及预期的学习成果。

（2）要求学生掌握用户调研的基本理论和方法，包括定性和定量研究的区分、调研设计的原则等。

（3）强调学生通过实践活动，如访谈、问卷设计、观察等，来提升实际调研能力。

（4）鼓励学生发展批判性思维，对调研结果进行深入思考和质疑，以形成更准确的洞察。

（5）强调团队工作的重要性，教授学生如何在团队中有效沟通、分工合作及解决冲突。

（6）教授学生在用户调研中遵循的伦理准则，如保护隐私、获取知情同意等。

（7）要求学生准备并展示最终的调研报告，包括同理心地图、用户画像、用户旅程图等，以评估学习成果。

第三章
交互设计基础

教学要求

通过本章学习，学生应掌握交互设计相关知识，包括信息组织、原型创建、原型测试、交互说明文档等内容。

教学目标

培养学生对信息架构的深入理解、让学生掌握站点地图和用户任务流程图的设计能力、导航系统的构建技巧、原型的创建方法、线框图的制作方法，以及用户测试的有效应用。

教学框架

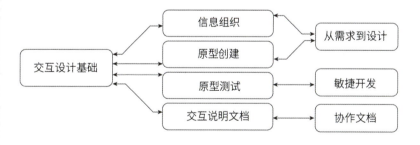

交互设计基础是产品设计领域的核心之一，直接影响用户与数字产品的互动体验。交互设计不仅关注界面的排版与美观，而且强调如何实现用户与产品的高效、直观互动，确保用户能够顺畅完成任务并享受愉悦的使用体验。随着技术进步和用户期望的提升，交互设计涵盖多个关键领域，包括信息组织、原型创建、原型测试、交互说明文档。这些元素共同构成了一个全面的设计框架，帮助设计者创建功能完善、用户友好的产品界面。本章将系统介绍交互设计的基础理论和实践方法，引导学生了解如何通过精心设计的交互细节提升产品的整体用户体验。

第一节　信息组织

概念设计的模型初具雏形后，就进入产品设计的关键阶段，即信息架构与原型的创建。这一阶段的核心任务是将抽象的概念具体化，确保产品的功能和流程不仅在逻辑上清晰，而且在用户界面上直观易用。

【信息架构】

一、信息架构设计

1. 信息架构概述

信息架构是产品设计的骨架，负责将内容和功能以逻辑清晰、易于理解的方式组织起来，使用户能够快速找到所需信息并顺利完成任务。它不仅提升了用户体验，确保了用户在打开 app 的第一时间就能理解产品用途，而且通过直观的导航和清晰的布局，指导用户行为，提高产品留存率。同时，信息架构反映了产品的战略方向，帮助产品团队突出展示最重要的内容。通过了解用户的心智模型和使用习惯，信息架构能够帮助设计者设计出符合用户预期的界面和流程，使用户更容易上手。

2. 信息架构的四大核心组件

信息架构的四大核心组件为组织系统、标签系统、导航系统和搜索系统，它们共同构成了数字产品设计的坚实基础。组织系统将内容按照逻辑和层次进行分类，确保用户能够理解产品的整体结构。标签系统为这些内容提供清晰、一致的命名，增强可读性和易用性。导航系统直观的菜单和链接，引导用户在不同的内容和功能之间轻松切换。搜索系统则允许用户通过关键词快速定位所需信息，提高信息检索的效率。这四大核心组件相互协作，共同确保用户在使用产品时能够获得清晰、一致且高效的体验。

案例

微信，作为一款多功能的超级 app，其信息架构设计者精心地将即时通信、社交网络、支付和生活服务等功能融合在一个直观易用的界面中。通过清晰的组织系统，微信将主要功能，如"微信""通讯录""发现"和"我"分组排列在易于访问的底部导航栏，同时在每个主要功能下细分出具体的子功能，使用户能够快速找到所需服务。标签系统通过明确的图标和名称，帮助用户识别不同的内容。导航系统保持了一致性，引导用户在 app 内流畅地切换。强大的搜索系统则允许用户通过关键词快速定位信息。个性化推荐和社交功能通过智能算法和用户行为分析，为用户提供定制化的内容和交流平台。此外，微信在信息架构中也重视用户的安全和隐私，提供了便捷的隐私设置管理。小程序平台的引入，进一步扩展了微信的功能，使用户能够在一个 app 内完成更多任务。总而言之，微信的信息架构体现了其对用户体验的深刻理解，成功地将复杂性隐藏在简洁的界面背后，为用户提供了丰富而高效的服务。

3. 信息架构设计步骤

（1）了解用户、场景、习惯。设计信息架构的首要步骤是深入了解用户。这包括分析他们的心智模型，即用户基于以往经验对产品如何工作的内在假设。设计者需要考虑用户在特定场景下的行为模式，以及他们在使用类似产品时的习惯。通过研究用户如何与产品互动，设计者可以预测用户的需求和期望，并据此设计出易于理解和使用的信息架构。

（2）了解业务。信息架构设计不仅要考虑用户需求，还要与业务目标一致。设计者应与运营、市场、销售等内部团队及外部合作伙伴沟通，收集他们的需求和期望。这有助于确保信息架构不仅满足用户，还能支持业务的运营和增长。通过理解业务需求，设计者可以更好地将产品功能与企业战略结合。

（3）调研竞品的信息架构。在设计信息架构时，调研竞争对手的产品是一个关键步骤。通过分析竞品的功能和结构，设计者可以识别共性和差异点。这不仅有助于发现潜在的创新机会，还能确保自己的产品设计在市场中具有竞争力。竞品的思维导图和信息架构图可以帮助设计者更直观地理解市场现状和用户习惯。

（4）卡片分类法。卡片分类法是一种自下而上的设计方法，它允许用户对功能卡片进行组织和分类。这种方法有助于揭示用户如何自然地组织信息，并为设计者提供了宝贵的用户视角。通过卡片分类法，设计者可以验证和优化信息架构，确保其符合用户的认知和使用习惯。

小知识

卡片分类法和亲和图都是基于卡片展示的组织和分析工具，它们在基本工具使用、分组过程、迭代性质、视觉呈现、团队协作、灵活性和应用广泛性等方面具有相似之处。然而，这两种方法在目的、方法、应用场景和结果上存在明显差异。

卡片分类法侧重信息的组织和分类，通过不断调整卡片位置来形成清晰的结构，常用于设计和架构领域，如用户界面设计和信息架构设计。而亲和图则侧重发现信息之间的关联和模式，通过逐步合并卡片小组来揭示信息的深层次联系，常用于问题解决和创意生成。最终，卡片分类法帮助形成易于导航和检索的分类结构，而亲和图则揭示了信息之间的关联，促进了对复杂问题的理解和新创意的生成。

（5）产出信息架构。最后，设计者需要将收集到的所有信息和见解转化为一个可视化的信息架构图。使用Axure 或 MindNode 等工具，设计者可以创建一个清晰的、层次分明的信息架构图，展示产品的所有内容。在这一步骤中，设计者还需要对信息架构进行重要性分级，并确保层级不超过 5 层，以避免用户操作困难；同时，控制同一页面的信息量，减轻用户的认知负担，确保信息架构既直观又易于导航。

4. 信息架构设计方法

信息架构设计是一个系统化的过程，也是一种从产品目标出发，通过用户研究和认知心理学原理，合理规划信息的组织和呈现方式。设计方法包括从上到下的分类方法，即从"战略层"（产品目标）出发，逐步细化到具体内容（如图 3.1 左所示）；从下到上的分类方法，即从"内容和功能需求的分析"出发，逐步归纳到更高层次的分类（如图 3.1 右所示）。

在实践中，设计者需要结合这两种设计方法，通过用户测试和视觉设计，不断优化信息架构，确保其既符合产品战略，又能灵活适应内容变化。同时，设计者还需要考虑用户层面的理解能力、操作习惯和产品层面的核心价值、功能特色等因素，以创建一个直观、一致且易于用户理解和使用的导航系统。良好的信息架构能够提升用户体验，使产品更易用、好用，并达到用户想用的目的。

二、站点地图

1. 站点地图

站点地图是网站或 app 内容结构的视觉表示，它以层次结构图的形式展示页面的优先级、链接和标签方式（如图 3.2

【站点地图】

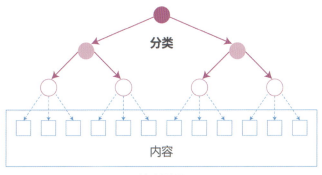

从上到下
从"战略层"（产品目标）出发

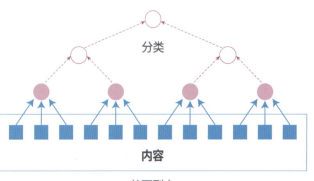

从下到上
从"内容和功能需求的分析"出发

图 3.1 信息架构设计方法

图 3.2 站点地图示例

所示）。根据前文讲到的双钻模型，站点地图在"发现"阶段之后的"定义"阶段使用，在卡片排序之后和构建线框图之前创建。站点地图帮助团队从高层次视角理解内容的组织和导航系统。它不仅包括页面的参考编号和标签，还能通过 URL 结构清晰地展示页面之间的链接关系。

2. 站点地图的类型

站点地图的类型根据网站或 app 的大小和复杂性有所不同，小型网站或 app 适合平面站点地图（如图 3.3 所示），而大型网站或 app 则适合树状站点地图（如图 3.4 所示）。站点地图的价值在于能够规划产品的可用性和易用性，它提供了完整的页面内容及层级分类，可以帮助团队简化不必要的页面并保留重要内容。通过使用站点地图，设计者可以战略性地将内容放置在用户

可以轻松找到的位置，还可以找出问题区域并将其优化，如隐藏在不直观标签下的页面。

案例

微信朋友圈作为一个高密度使用的功能场，设计了二级菜单，其背后的逻辑体现了微信团队深思熟虑的信息架构战略。微信的核心功能是社交沟通，因此一级菜单应与核心社交功能紧密相连。而微信将微信朋友圈置于二级菜单，有助于降低其他功能（如扫一扫、摇一摇等）的曝光度，避免功能扩展时的干扰。同时，这也考虑了用户不希望被过多信息打扰的心理，将微信公众号等内容打包在一起，减少对用户的干扰。此外，设计不是简单地满足用户的所有需求，而是在产品发展战略的

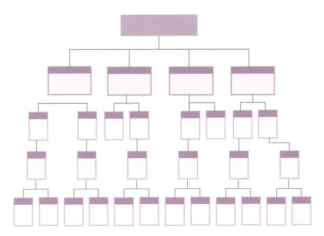

图 3.3　平面站点地图

图 3.4　树状站点地图

指导下平衡各功能。微信的信息架构强调保持主干功能清晰、简单，而将次要功能作为补充，隐藏在二级菜单中，确保用户在使用过程中不会感到困惑。

小知识

通过上述案例，我们可以看到信息架构设计需要从更全面、更长远的角度出发，考虑产品的整体结构和发展战略，而不仅仅是单一功能的使用频率。

三、用户任务流程图

1. 用户任务流程图的概念

用户任务流程图是一种图形化工具，用于展示个别任务的关键步骤和决策。它通过图形和箭头清晰地描绘出任务的执行顺序和可能的分支路径。用户任务流程图在设计任务流程和决策路径时非常有用，帮助团队成员

【用户流】

理解任务的逻辑和执行细节。用户任务流程图的类型根据任务的复杂性而有所不同，简单的线性流程图适用于单一路径的任务，而复杂的分支流程图则适用于包含多个决策点的任务。用户任务流程图的主要价值在于促进团队成员之间的沟通和对任务的理解，提供任务执行的清晰视图，便于优化和改进。通过用户任务流程图，团队成员可以更有效地规划和管理任务，确保每个步骤都能有序执行。

2. 用户任务流程图的制作步骤

（1）深入了解用户。要制作一个有效的用户任务流程图，首先需要深入了解用户，通过进行用户调研和制作用户画像，明确用户的需求和期望；同时，考虑用户如何首次接触产品，并确定他们的入口点，这有助于他们顺畅地使用产品。

（2）遵循设计标准。使用数字工具如即时设计、Figma、ProcessOn 等创建用户任务流程图时，可以利用这些数字工具提供的 UI 套件和资源；重要的是，要遵循标准的用户任务流程图设计惯例，使用人们熟悉的符号（如表 3-1 所示）和样式，这样设计出来的用户任务流程图才能清晰易懂。

表 3-1　用户任务流程图常用符号

符号	名称	功能
	开始/结束	代表开始或结束点
→	箭头	指示流程的方向或步骤之间的连接
	输入/输出	代表输入或输出
	步骤	代表处理步骤或操作
	决策点	代表决策点，流程会根据不同的条件分支到不同的路径

（3）坚持统一的设计原则。在设计用户任务流程图时，应用与界面设计相同的原则，确保标签清晰且有意义，确保标题准确描述用户流；选择颜色时要有助于用户识别和分组资源；保持视觉结构的一致性，这样用户在查看用户任务流程图时才不会感到困惑。

（4）单页设计。尽量将用户任务流程图设计在单页上，这样用户可以一目了然地看到整个流程；如果流程特别长或复杂，可能需要考虑简化流程或使用多个页面，但最好避免这种情况，以保持用户任务流程图的简洁性。

（5）作为沟通工具。用户任务流程图不仅是设计工具，也是沟通工具，它可以帮助不同背景的团队成员理解产品的工作方式；确保设计关注系统如何根据用户的行为运行，而不仅仅是视觉细节，这样每个团队成员都能从中获得有用的信息。

（6）提高可访问性。用户任务流程图的设计应易于团队成员理解，使用清晰的标签和图例，确保所有设计元素（如箭头和连接器、颜色编码等）都易于识别；这样可以帮助团队成员快速把握用户任务流程图的关键信息，提高工作效率。

（7）注重可读性。用户任务流程图需要易于查看和理解，带有清晰的标签和图例，并与颜色和形状保持一致；使用"泳道"区分产品的不同功能或不同角色，这

样用户可以更专注于设计的特定区域；同时，确保从左到右、从上到下显示数据，阐明所有交叉，确保每个箭头的路径清晰，避免混淆，如图 3.5 所示。

【导航设计】

四、导航系统

1. 导航概述

导航设计是产品信息架构的外在表现，它通过界面元素的集合帮助用户在信息空间中自由穿行。其核心在于在各信息间"铺路搭桥"，设置清晰的"指示牌"，使用户能够了解如何从一个点移动到另一个点，知道自己在哪里、可以去哪里，如图 3.6 所示。导航方向定义了用户在 app 中的移动方式，主要分为横向导航、向前导航和反向导

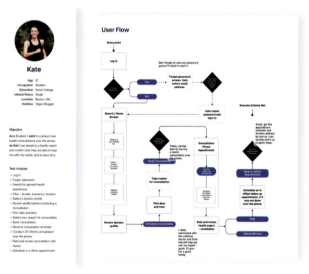

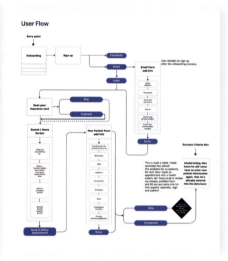

图 3.5　用户任务流程图示例

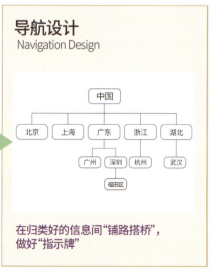

图 3.6　信息、信息架构和导航设计的关系

航3种类型。横向导航允许用户在同一层级的不同屏幕间移动，通过如导航抽屉、底部导航栏或标签等组件访问app的主要功能；向前导航引导用户深入app的更深层次，一般通过内容容器、按钮、搜索或链接实现，如从音乐专辑导航到特定歌曲；反向导航则允许用户按时间顺序或层级结构返回，使用操作系统提供的"后退"按钮或app内的"向上"操作。为了优化用户体验，导航设计应确保导航的一致性和清晰性，使用户能够轻松识别自己的位置和可导航的路径，并在反向导航时能够返回之前的屏幕位置和状态。

2. 导航的类型

导航的类型包括标准底部导航栏，它会显示3～5个主要目的地并允许用户在主要目的地之间轻松切换；顶部应用栏，通常包含导航图标、标题和操作图标，可以被固定在顶部或在滚动时隐藏；抽屉导航，从屏幕左侧滑出，提供app的主要导航选项；标签导航，显示多个标签，以在不同视图间切换；列表和网格，展示一系列项目，适合文本、图标和图像；步骤导航，分步指导用户完成任务；树状导航，显示层级结构，如文件夹或组织结构；搜索导航，提供搜索框和过滤选项；上下文导航，根据用户当前位置或任务提供相关控件。舵式导航样式突出，适用于需要突出重要功能的场合；面包屑导航显示层级结构，适用于层级较深的网站或app；汉堡（抽屉）导航将菜单隐藏，适用于收纳不常用功能；下拉菜单收纳操作命令，适用于命令较多的情况；分页适用于PC端长列表，app中则常用内容流；悬浮球（触

点）导航在app中悬浮于底部，提供重点功能入口；宫格式导航集中展示主要入口，适用于功能独立且页面不需要频繁跳转的场景；列表式导航陈列核心功能，适用于工具类产品；索引表陈列所有内容类别，适用于内容分类多的产品。常见的导航类型如图3.7所示。

3. 导航的选择

设计导航框架的关键在于考虑产品的性质和用户的使用场景，它们直接影响导航的设计和布局。内容类和社交类产品通常鼓励用户探索和社交，采用标签式导航，有时还在页面顶部和底部布局加入金刚区，以便快速访问。工具类产品因其核心功能固定，导航架构扁平，通常采用列表和宫格导航，将核心功能按优先级展示在首页，使用户能迅速操作。游戏类产品的导航设计与玩法结合，提供便捷入口的同时不干扰主界面，通常环绕游戏界面或融入场景。而阅读类和长视频类产品则通常将导航设计为可隐藏，以减少对用户沉浸式体验的干扰，用户仅在需要时通过点击屏幕将导航"呼"出。这些导航框架的设计策略，旨在确保导航系统既满足用户需求，又不会对用户的使用体验造成干扰，从而提升整体的产品体验。

小知识

底部Tab式导航是app中最常见的导航方式之一。它通常采用文字与图标结合的方式，便于用户识别和操作。这种设计模式符合拇指热区的使用习惯，拇指热区

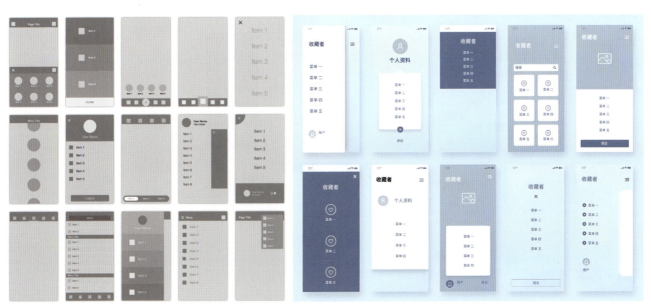

图 3.7　常见的导航类型

即用户单手使用手机时拇指容易触碰到的区域。底部 Tab 式导航一般包含 3～5 个标签，使用户可以快速在这些标签间切换且不会遮挡 app 的主要内容。绝大多数主流 app 都采用了这种导航设计。

型的本质是一种交流工具，产品经理通过它可以准确地向设计者、开发人员及用户、投资者等利益相关者传达产品定位、目标、功能、架构、流程等信息，从而改进产品设计并增强其市场竞争力。

【原型设计】

【快速原型设计】

第二节　原型创建

一、原型的概念

原型创建是一种在产品开发过程中使用的方法，主要用于实际产品开发之前，通过创建一个或多个初步的、简化的产品模型来测试和评估产品概念。原

二、原型的类型

原型的类型包括草图原型、低保真原型、中保真原型和高保真原型，每种类型都有其特定的用途和适用场景。草图原型主要用于初步概念验证；低保真原型用于初步测试和讨论；中保真原型把纸质的草图数字化，团队基于此可以更灵活地选择界面布局和导航方式，设置控件和界面元素及进行可用性测试；高保真原型具有逼真的界面设计效果和完善的交互效果，相当于一个最小化的可行性产品，可以帮助快速验证市场，让用户体会到真实的产品使用感受（如图 3.8 所示）。

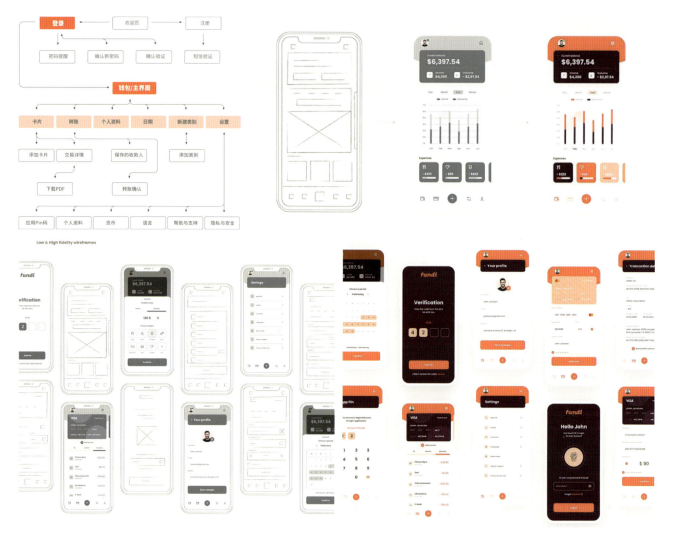

图 3.8　用户流与低保真、中保真、高保真原型

在工具方面，设计者可以选择用纸和笔进行手绘草图，或者使用数字绘图软件来创建草图原型和低保真原型。对更高级的原型设计，设计者可以使用专门的原型设计工具，如即时设计、Adobe XD、Figma、Sketch、Axure RP 等，这些工具不仅支持高保真原型设计，还能模拟用户交互，帮助团队更全面地理解和评估产品。

小知识

在产品开发的不同阶段，选择合适的原型至关重要。低保真原型主要用于产品开发的最早期阶段，其核心目的是快速讨论和验证基本的交互流程和功能逻辑，而无须过分关注视觉效果的美观度，这使它非常适用于团队内部的初步讨论和测试。随着设计的深入，中保真原型在低保真和高保真之间提供了一个中间点，它既具备一定的视觉细节，又保持了一定的灵活性，特别适用于用户测试，以评估交互设计的合理性和用户体验。而高保真原型在细节和视觉效果上接近最终产品，其制作需要投入大量的时间和精力。因此，在没有经过充分的讨论和测试，确认基本的交互和功能设计之前，团队应避免直接制作高保真原型，在低保真原型和中保真原型的基础上，经过多次迭代和讨论后，再逐步制作高保真原型，从而确保设计的有效性和资源的合理利用。

三、原型的创建步骤

在产品开发过程中，设计者首先需要基于用户需求和产品功能，绘制低保真交互流程图，从而明确用户交互逻辑，为后续的设计和开发提供指导；然后，使用专业的原型设计工具，如即时设计、Figma、Axure RP 或 Adobe XD 创建中保真原型，包括界面布局、交互元素和基本功能等原型的核心部分（如图 3.9 所示）；完成原型创建后，进行用户测试和用户反馈收集，确保设计满足用户的需求和期望，通过用户反馈发现问题并进行相应的调整和优化，对原型进行修改和完善。

四、界面元素

界面元素是用户界面中的基本构建块，用于构建 app 或网站的视觉界面。这些可重用的界面元素具备特定的功能，如按钮、输入框、导航栏等，它们帮助用【界面组件】

户完成各种任务。界面组件的主要功能包括支持用户输入与交互、信息展示、导航与组织内容、反馈与状态指示，以及页面布局与结构组织。界面组件通过其可重用性、一致性、模块化设计和易维护性，使界面设计更高效、直观，如图 3.10 所示。界面元素与界面组件将在第五章进行详细说明，此处便不再赘述。

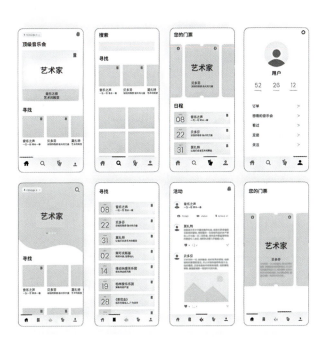

图 3.9　原型的创建示例

图 3.10　界面元素与界面组件框架图

小知识

随着技术的进步，许多在线平台和软件为设计者提供了极大的便利，使中保真和高保真原型设计变得更加高效和易于管理。这些在线平台和软件不仅支持快速迭代和实时协作，还提供了丰富的组件库和交互模拟功能，帮助设计者快速构建和测试原型。

五、交互原型设计工具

目前，主流界面设计工具为 Adobe XD、Sketch、Figma 和即时设计等。Adobe XD 的优点在于跨平台兼容性和 Adobe 创意云的集成，提供强大的设计和原型功能，但缺点是设备配置要求高且免费功能有限。Sketch 以其专业设计能力和丰富的插件库在 Mac 用户中广受欢迎，但受限于仅支持 Mac 且可能在处理大量文档时出现性能问题。Figma 以其在线工具特性和实时协作优势在交互原型设计领域极为流行，但是需要使用国外服务器，会产生延迟且中文支持不足。即时设计则以其本土化服务、中文支持和对国内用户友好的设计界面受到青睐，能够兼容 Adobe XD、Sketch、Figma 格式的源文件，支持实时团队协作，使设计和反馈过程更加流畅。设计者可以通过在线教程、视频课程、官方文档、社区论坛等多渠道来掌握这些界面设计工具的使用方法和技巧，为后面的学习打下良好的基础。

这几种主流界面设计工具对比见表 3-2。

【即时设计的相关介绍 1】 【即时设计的相关介绍 2】

表 3-2 主流界面设计工具对比

工具	Adobe XD	Sketch	Figma	即时设计
操作系统支持	支持 Windows 和 Mac	仅支持 Mac	跨平台 Web-based	跨平台 Web-based
设备资源消耗	高，需安装客户端	高，可能卡顿	低，基于浏览器	低，基于浏览器
团队协作	支持，需付费	支持	实时协作，强	实时协作，强
插件生态	较少	丰富	丰富	官方插件，较少
界面设计能力	强	强	强	强，支持 Adobe XD 和 Sketch 文件
原型功能	强	强	强	强
用户界面	类似 Adobe Photoshop	简洁	简洁	简洁，易上手
学习曲线	适中	低	低	低，教程丰富
价格	免费计划限制多，需要订阅	一次性付费	免费计划可用	个人和团队免费
社区与资源	Adobe 生态	大量插件和组件库	丰富的社区资源	社区发展中
字体支持	良好	中文支持不佳	中文支持不佳	完全支持中文
其他	集成 Adobe 生态	智能布局	在线工具，云端操作	本土化服务，中文支持

第三节 原型测试

【敏捷开发模式与瀑布开发模式对比】

一、两种开发模式

敏捷开发模式是一种灵活的软件开发模式，通过迭代和增量的方式逐步交付产品（如图 3.11 左所示）。在这种模式下，项目被分解为多个短周期的迭代（通常被称为"冲刺"），每个迭代都包括规划、开发、测试和交付。团队通过持续的用户反馈和快速的调整来适应需求的变化，确保最终产品能够满足用户的期望。敏捷开发模式强调跨职能团队的协作和持续改进，注重产品的实际功能和质量，而非过度依赖详细的前期规划。

与之相比，瀑布开发模式是一种线性、顺序的软件开发模式（如图 3.11 右所示）。项目按照预定的阶段依次进行，从需求、设计、执行到测试和维护，每个阶段必须在前一个阶段完成后才能开始。这种模式强调详细的前期规划和文档编制，要求在开发开始之前对需求进行全面的定义和确认。瀑布开发模式适用于需求明确且变化较少的项目，但在面对需求变更时显得不够灵活和响应迅速。

总体而言，敏捷开发模式通过其迭代和增量的方法，能够快速适应变化，提高用户满意度，并促进团队协作。而瀑布开发模式则提供了一种结构化的、规范化的开发过程，适合需求稳定、变更较少的项目。开发模式的选择取决于项目的需求特性、团队的工作方式和预期的交付结果。

二、用户测试

1. 用户测试概述

用户测试是一种关键的原型测试方法，通过邀请真实用户与原型进行互动，观察用户的操作行为和获取反馈，深入了解用户的需求和期望。用户测试可以在面对面的环境中进行，也可以通过远程方式实现，这使它能够适应不同的测试场景和用户分布。

【为什么要做用户测试】

可用性测试和可访问性测试是两种关键的用户体验评估方法。可用性测试旨在评估产品或服务的易用性，确保用户能够有效地完成任务。其应用场景包括网站和 app 的设计，步骤包括定义

【可用性测试与可访问性测试】

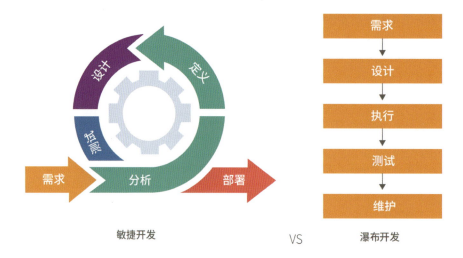

图 3.11 敏捷开发模式与瀑布开发模式对比

测试目标，招募目标用户进行任务操作，观察并记录用户行为和反馈，分析结果以发现并解决使用中的问题。常用的可用性测试工具包括 UserTesting、Lookback 和 Optimal Workshop，它们可用于记录用户行为和分析反馈。

可访问性测试则专注于确保产品对所有用户都是可用的。其应用场景包括网站和 app 的设计和开发，步骤包括检查是否符合可访问性标准（如 WCAG）、测试不同的辅助技术（如屏幕阅读器）、识别并修复可能的障碍。常用的可访问性测试工具包括 WAVE、Axe 和 Lighthouse，这些工具帮助评估网页的可访问性并提供改进建议。通过这两种测试，团队可以提升产品的整体用户体验，确保其既易用又对所有用户友好。

2. 用户测试常用的方法

【树状测试】

用户测试常用的方法包括树状测试、点击流、A/B 测试、眼动追踪、启发式评估等。

（1）树状测试。树状测试是一种用于评估信息架构和导航结构有效性的用户测试方法。用户在不受实际界面设计干扰的情况下，采用这种方法可以找到特定的信息或任务，以测试信息分类和组织的逻辑性。应用场景包括网站和 app 的早期设计，尤其是在重新组织或优化导航结构时。树状测试的步骤包括设计一个简单的导航结构模型（通常是文本列表形式），制定测试任务，让用户在模型中完成任务，记录其导航路径和成功率，最后分析数据以识别导航结构的问题和改进机会。常用的树状测试工具包括 Optimal Workshop、Treejack 和 UsabilityHub，这些工具支持创建测试模型、收集用户

数据和生成分析报告，帮助团队优化信息架构和提升用户导航体验。

【点击流】

（2）点击流。点击流是一种分析用户在网站或 app 中的点击行为和导航路径的方法。它通过记录用户在浏览过程中点击的链接和访问的页面，提供用户行为和网站结构的详细信息。应用场景包括网站优化、用户行为分析和营销策略调整。点击流分析的步骤包括设置数据收集机制，记录用户的点击路径和交互数据，分析数据以识别用户行为模式和潜在问题，以及根据分析结果优化网站结构和内容。常用的点击流分析工具包括 Google Analytics、Hotjar 和 Crazy Egg，这些工具可以帮助团队可视化用户的点击路径，生成热图和点击图，从而改进界面或网站设计和提升用户体验。

【A/B 测试】

（3）A/B 测试。A/B 测试是一种实验方法，用于比较两个或多个版本的网页、app 界面或营销活动，以确定哪个版本在实现特定目标（如点击率、转换率或用户留存率）方面表现更好。A/B 测试通过将用户随机分配到不同版本中，收集每个版本的用户行为数据，常见的数据指标包括点击率、转换率、页面停留时间、跳出率等；通过统计分析，比较两个版本在特定目标上的表现，判断哪一个版本更有效，常用的统计方法包括 T 检验或卡方检验等，表现更好的版本将被采用，从而提升用户体验或商业效果。常用的 A/B 测试工具包括 Google Optimize、Optimizely 和 VWO（Visual Website Optimizer），这些工具可以帮助自动化测试过程、数据收集和结果分析。

（4）眼动追踪。眼动追踪是一种技术，通过测量和记录用户在获取视觉刺激时的眼动模式和注视点，提供对用户注意力和视觉行为的深入理解。应用场景包括用户体验研究、广告评估、可用性测试和心理学研究。眼动追踪可以帮助设计者优化界面设计、评估广告效果和分析信息处理过程。眼动追踪的步骤包括使用红外摄像头和传感器捕捉用户的眼动数据，将数据转化为视线热图、注视点图和注视时间图，并对结果进行分析。常用的眼动追踪工具包括 Tobii Pro Studio、EyeLink 和 Gazepoint，它们可以提供高精度的数据记录和分析功能，帮助团队理解用户的视觉关注点，从而改善产品和提升用户体验。

【眼动追踪】

（5）启发式评估。启发式评估也被称为"专家评估"，是一种用户界面评估方法，通过专家评审来识别界面设计中的可用性问题，旨在发现潜在的用户体验问题并提供改进建议。应用场景包括网站和 app 的设计。启发式评估的步骤包括选择一组具备可用性设计经验的专家，要求他们独立检查界面并与设计原则（如表 3-3 所示）对照，记录发现的问题并对其进行评估。常用的启发式评估工具包括检查清单和评估表，帮助专家系统化地记录和分析问题。通过启发式评估，团队可以在早期阶段发现并解决用户体验问题，从而提高产品的可用性和用户满意度。

【启发式评估】

表 3-3 雅各布·尼尔森的 10 条可用性原则

编号	原则名称	描述
1	可见性	系统应及时反馈，确保用户随时了解当前系统状态
2	与现实世界的匹配	系统的语言和信息架构应符合用户的日常习惯，避免技术术语
3	用户控制与自由	用户应能轻松撤销或重新操作，避免困境
4	一致性与标准	遵循平台和用户的标准，避免界面和操作的不一致
5	错误防范	设计应尽量减少用户犯错的机会，通过提示或限制来预防错误
6	识别优于回忆	设计应减少用户的记忆负担，使信息易于访问
7	使用的灵活性与效率	设计应适应不同水平的用户，允许通过快捷方式提高效率
8	美观且简洁的设计	界面应保持简洁，避免不相关或冗余的信息
9	帮助用户识别、诊断和修正错误	错误信息应明确并提供解决建议
10	帮助与文档	系统应提供易于查找的帮助文档和指南

案例

腾讯公司设计了交互自查表（如表 3-4 所示），以帮助设计者快速避免低级错误，提高专业度；同时帮助设计者结构化地走查问题。

【雅各布·尼尔森的
10 条可用性原则】

表 3-4 交互自查表

检查维度	检查点		检查细则
设计目标	主题清晰	☐	可以在 3 秒内清楚知道"我"在哪里
	目的明确	☐	可以在 3 秒内清楚知道"我"可以做什么
整体框架	结构合理	☐	信息组织具有逻辑性，不同类型信息区分清晰
		☐	信息分类符合用户心智模型
		☐	与业内同类产品结构尽量保持一致
		☐	操作位置具有一致性且符合用户预期
	重点突出	☐	最需要用户关注的内容放在最明显的位置
		☐	必要信息足够
		☐	重要信息突出
		☐	必要信息与非必要信息之间的主次关系明显
	具有扩展性	☐	对框架和内容是否有扩展的考虑
		☐	有不同平台和屏幕尺寸下的考虑和方案
操作流程	流程畅通	☐	关键步骤清晰简明，尽量少的操作步骤
		☐	操作畅通无阻
		☐	操作路径清晰且保持一致
	符合逻辑	☐	操作流程符合业务逻辑，步骤划分合理
		☐	操作流程符合用户预期且易于理解
使用指引	明确精炼	☐	清晰告知用户状态且反馈及时
		☐	引导用户进行操作
		☐	使用指示信息足够
		☐	说明性描述或标题清晰易懂
	容错性	☐	有效地指引 / 帮助用户避免错误
		☐	容易纠正错误或取消错误操作
	默认配置合理	☐	最合适的默认配置（滚屏数、光标、快捷键等）
控件使用	一致性	☐	整个产品的控件或组件保持一致
		☐	通用快捷键、加速键、光标（焦点）的切换顺序和系统保持一致
	规范性	☐	产品的控件或组件的使用符合系统规范
		☐	控件或组件符合同品牌产品 /app 的使用规范
产品用语	语言表述统一	☐	产品、功能名称、菜单和命令用语保持一致（包括多端保持一致）
		☐	提示用语一致，称谓一致
	符合规范	☐	文字与标点符号使用符合标准（错别字、标点符号、语法）
		☐	设计稿文字和数据符合真实应用场景
	简洁易懂	☐	文字考虑目标用户，表达简洁、准确、通俗、易懂
特殊与极限情况	适应性	☐	综合考虑新手用户与高级用户的需求
		☐	设计需要考虑特殊与极限情况的表现方式（如列表很长或很空、文字很多等）
	国际化	☐	必要时有国际化的考虑
技术实现	技术可行性	☐	需要的技术可实现
	成本可控	☐	有考虑实现的技术成本和网络带宽等因素

第四节　交互说明文档

一、交互说明文档概述

交互说明文档是一种详细描述用户界面交互的文档，旨在为设计者、开发人员等团队成员提供明确的指导，以确保设计和功能的准确实现。它包括功能要求、交互流程、状态和反馈说明、用户故事和界面原型，通常以结构化的文本、流程图和原型图的形式呈现。视觉设计师可以根据设计目标及交互说明文档进行设计风格推导，输出完整的视觉设计稿等；研发工程师可以根据交互说明文档进行业务逻辑设计及产品功能开发；测试工程师可以根据交互说明文档撰写测试用例，并回顾方案进行反馈。

二、交互说明文档应包含的内容

交互说明文档是一份关键的设计和开发指南，详细定义了用户界面的交互方式和设计要求。它从多个方面为设计和开发团队提供了明确的方向和标准，确保产品的用户体验和功能符合预期。

需求背景部分先描述项目的初衷，即产品开发的动机和目标；然后，描述市场定位，明确产品在市场中的位置和竞争优势；同时，定义目标用户群体，包括用户的需求和期望，明确产品解决的核心问题。

设计目标环节设定改进用户体验和完善功能的具体目标。这些目标将指导设计工作的方向，确保最终的产品能够满足用户的需求，并实现预期的效果。

设计范围部分界定项目的具体内容和边界，确保设计工作不会超出合理范围，也不会遗漏重要元素。明确设计范围有助于集中精力在关键功能和特性上，避免不必要的复杂性。

设计方案部分展示设计思路和创意，包括界面原型、用户操作流程和动效说明。界面原型提供了产品的视觉布局，用户操作流程描述了用户的操作步骤，而动效说明则解释了界面的动态效果和交互动画。

信息架构部分详细说明产品信息的组织方式，包括导航结构和内容分类；通过定义信息的逻辑结构和分类方法，确保了用户能够方便地找到所需要的信息，提高了产品的可用性。

关键业务流程图通过视觉化的方式展示产品的核心业务流程，帮助团队理解操作的逻辑和顺序，使设计和开发工作能够有序进行，确保核心功能的实现。

产品交互方案部分详细描述了各功能模块的交互方式，包括页面逻辑关系、页面布局。

交互说明部分包括迭代标示和动效说明，处理特殊情况的说明，如错误处理或异常状态。

修订记录部分记录文档的修改历史，包括修订日期、作者和变更内容。这些记录便于追踪和管理文档的演变，确保所有团队成员对最新版本有一致的了解。

遗留问题部分列出在设计和开发过程中尚未解决的问题或需要进一步讨论的事项。此部分能确保这些问题在后续工作中得到关注和解决，避免遗漏重要细节，确保项目的顺利推进。

三、交互方案的呈现方式

交互方案的呈现方式综合了页面布局、操作流程和界面交互说明 3 个方面，其中页面布局关注界面的结构和层级，清晰展示内容和元素的空间排列；操作流程以用户任务为中心，设计出直观的、高效的步骤，确保用户能够顺利完成目标；界面交互说明进一步细化，包括状态说明，让用户了解当前界面的状态变化，如加载、成功或错误，以及动效说明，描述如何通过动效辅助用户操作，增强体验的直观性和引导性。

1. 页面布局

页面布局主要通过界面原型和线框图来呈现。这些工具帮助设计者和开发人员直观地了解页面的结构和元素安排。高保真原型（如使用即时设计、Figma 或 Adobe XD 创建的原型）展示了界面的视觉设计，包括颜色、字体、按钮样式等细节，提供了接近最终产品的视图。低保真线框图则专注于界面的基本结构和功能区域，省略了视觉设计的细节，更加关注布局和功能的逻辑性。这种方式使团队能够在设计早期快速迭代和验证布局方案。

2. 操作流程

操作流程的呈现通常借助流程图和用户流程图。流程图通过图示化的方式展示用户在完成特定任务时的步骤和系统响应，帮助团队理解用户操作的逻辑和顺序。用户流程图则详细描绘用户从开始到完成任务的路径，揭示决策点和交互步骤。通过这些图示，团队能够识别并优化用户的操作路径，确保流程的顺畅和高效。此外，任务模型也可以帮助描述用户在执行任务时的具体操作和预期系统反应。

3. 界面交互说明

界面交互说明的呈现方式包括动效和交互动画、状态图和反馈图示，以及详细的文本描述。动效和交互动画通过动画原型或视频展示界面元素在用户操作时的动效，如按钮点击、页面切换等，提供了具体的视觉效果。状态图和反馈图示详细描述了界面元素在不同状态下的表现及系统如何反馈用户的操作，包括错误提示、加载状态等。详细的文本描述则提供了每个界面元素的功能说明、交互逻辑和系统响应，确保开发人员能够准确实现设计意图。此外，设计规范也应包含在交互说明文档中，以确保设计的一致性和规范性。

通过这些呈现方式，交互方案能够全面地展示用户界面的设计和功能细节，帮助团队准确理解并实现设计要求，提升最终产品的用户体验并增强其功能有效性。

小知识

【从原型到设计的流程】

在撰写交互说明文档时，设计者可以使用即时设计、Figma 等工具，这些工具不仅提供了强大的设计和原型创建功能，还支持团队协同合作。通过这些工具，设计者可以创建高保真原型，展示页面布局、操作流程和界面交互的详细说明。团队成员可以在同一个文档中实时协作，查看和编辑设计，确保设计思路和创意能够迅速传达并得到反馈。此外，这些工具还支持版本控制，使设计文档的修订历史可追溯，便于管理和维护。

单元训练和作业

1. 根据选题与用户研究结果搭建 app 信息架构

课题时间：2 课时

要点提示：

（1）深入分析用户研究结果，识别用户需求和行为模式。

（2）基于用户需求，确定 app 的主要功能和辅助功能。

（3）设计合理的信息架构，确保用户能够轻松找到所需功能。

（4）创建直观的导航系统，帮助用户理解 app 布局。

（5）确保信息架构的命名、标签和导航结构具有一致性。

2. 根据信息架构绘制主功能用户交互流程图

课题时间：2 课时

要点提示：

（1）明确用户在使用主功能时的操作步骤。

（2）识别关键任务并理解任务间的逻辑关系。

（3）使用流程图工具展示用户完成任务的路径。

（4）在流程图中标注关键的用户触点。

（5）设计异常流程的处理方案，如错误提示和恢复操作。

3. 根据用户交互流程图绘制低保真原型和中保真原型

课题时间：2 课时

要点提示：

（1）区分低保真原型和中保真原型的特点及使用场景。

（2）利用低保真原型快速迭代，测试基础布局和功能。

（3）在中保真原型中增加视觉和交互细节。

（4）通过用户测试反馈，调整和优化原型设计。

（5）确保原型设计符合技术实现的可行性。

4. 使用即时设计撰写交互说明文档

课题时间：2 课时

要点提示：

（1）掌握即时设计工具的基本操作步骤和特性。

（2）设计合理的文档结构，包括需求背景、设计目标等。

（3）详细描述页面布局、操作流程和界面交互说明。

（4）清晰说明界面状态变化和动效设计。

（5）利用即时设计的协作功能，实现团队成员间的实时沟通。

第四章
品牌视觉设计

教学要求

通过本章学习，学生应当掌握互联网产品品牌视觉识别系统设计基础理论与实践，能够将所学知识应用于设计实践，特别是通过品牌视觉规范手册的制作，展现出对品牌视觉识别系统的全面理解和设计能力。

教学目标

培养学生熟练运用设计软件完成品牌标志（Logoeype，LOGO）设计、品牌色彩应用、字体系统构建、网格设计及图标与插图设计。

教学框架

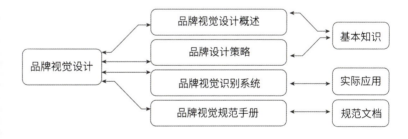

品牌不仅是企业身份的象征，而且是企业与用户建立情感联系的关键。随着互联网产品的增多，数字品牌设计的重要性愈加凸显，一个强大的品牌视觉识别系统能使产品在竞争激烈的市场中脱颖而出，提高用户的认知度与忠诚度。数字品牌设计涵盖品牌 LOGO 设计、品牌色彩应用、字体系统构建、网格设计、图标与插图设计等方面，要求设计者在视觉上创造出统一且具有辨识度的品牌形象，同时适应多样化的数字平台和设备。本章将探讨数字品牌设计的基础理论和实践方法，帮助学生掌握为互联网产品设计出色的品牌形象的方法，为未来的用户界面设计奠定坚实基础。

第一节 品牌视觉设计概述

一、品牌视觉设计类型

【品牌视觉识别系统】

在视觉方案制订前，设计者面对的是两种不同的类型：已有品牌体系和尚未形成的品牌体系。当面对已有品牌体系的产品时，设计者应遵循品牌指南，确保设计中的每个元素，从色彩到字体，从图标到布局都与品牌视觉识别系统保持一致。设计者需要继承品牌的核心元素，如 LOGO，以加强用户对品牌的认知。此外，设计者还需要传达品牌故事，保持品牌形象对数字环境的适应性，确保在不同设备和尺寸屏幕上的品牌形象都保持一致性和连贯性。

对于尚未形成的品牌体系，设计者的任务是明确品牌定位，创建独特的品牌视觉识别系统，包括名称、LOGO 和色彩方案，以提高市场辨识度。设计者需要构建品牌个性，制定一套品牌指南，并在目标受众中进行测试和迭代，以优化品牌元素；同时，需要整合品牌体验，确保品牌设计不仅在视觉上有吸引力，而且在用户体验的每个环节都能提供一致且连贯的品牌形象。

二、品牌设计与视觉识别系统

品牌设计是一个综合性战略过程，旨在塑造和维护品牌的独特身份，使其在目标市场中易于识别并具有吸引力。品牌设计涵盖价值、产品和服务的类型 / 质量、品牌个性、用户服务理念、业务流程、营销渠道、相关品牌、市场营销方法、商业和社交网络及沟通语气等多

个方面。视觉识别系统作为品牌设计中的关键组成部分，通过 LOGO、字体、图像、网格、颜色和排版等视觉元素，将品牌的核心价值和个性具体化，提高品牌的辨识度和记忆度。这些视觉元素帮助用户在众多品牌中迅速识别并记住特定品牌，从而在用户心中形成统一、一致的形象。品牌设计与视觉识别系统相辅相成，品牌设计提供了品牌的核心理念和价值，而视觉识别系统则通过具体的视觉元素来传达这些理念和价值，使品牌在用户心中留下深刻的印象，从而提高品牌的知名度和忠诚度，LOGO、视觉识别系统、品牌设计的关系如图 4.1 所示。

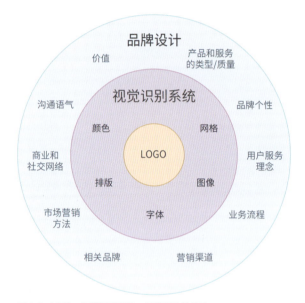

图 4.1 LOGO、视觉识别系统、品牌设计的关系

品牌设计的原则包括一致性、简洁性、可识别性、可扩展性和创新性。品牌视觉规范是将品牌设计内容系统化，并将整理的文档用于内部标准参考或外部沟通，包括品牌简介、品牌 LOGO、色彩规范、字体规范、视觉元素、排版规范、品牌影像和品牌应用示例。品牌设计不仅是一种设计呈现，还是品牌的核心定位和市场策略的体现。

第二节 品牌设计策略

【品牌定位与品牌视觉识别系统】

1. 品牌定位

明确品牌的核心价值和市场定位是品牌设计策略的起点。设计者可以通过

分析市场趋势、竞争对手和目标用户群体，定义品牌的独特卖点和价值主张。这一阶段包括确定品牌的使命、愿景、目标用户群体及其需求，从而为品牌设计提供明确的方向。

品牌定位常用的方法有很多种，以帮助品牌在市场中找到独特的立足点。SWOT分析法可以用于识别品牌的优势（Strengths）、劣势（Weaknesses）、机会（Opportunities）和威胁（Threats），从而帮助品牌制定具有适应性的策略。竞品分析通过研究主要竞争对手的市场表现和策略，帮助品牌发现市场差距和机会。品牌钥匙模型帮助明确品牌的核心要素和价值主张，而价值主张画布则聚焦于品牌为用户提供的独特价值和差异化优势。此外，市场细分可以帮助品牌划分不同的市场群体，品牌定位图可以帮助品牌可视化其在市场中的位置，目标市场分析可以帮助品牌深入了解目标用户群体的需求。用户调查提供真实的用户反馈，品牌故事通过情感化叙述增强品牌吸引力，而品牌个性分析则能确保品牌在沟通中展现出一致的个性。这些方法共同帮助品牌精准定位，提升市场竞争力和用户认知。

案例

淘宝、京东和拼多多各自以独特的品牌定位在中国电商领域占据一席之地。淘宝以"万能的淘宝"为定位，强调商品种类的多样性和个性化服务，吸引广泛的用户群体，并通过支持小微创业者，保持市场领先地位。京东以"品质生活"为核心，专注于提供正品保障和高效的物流服务，赢得用户的信任，并通过自营模式和严格的供应链管理，确保商品质量和服务水平。拼多多则以"省钱、省心"为口号，通过社交电商和拼团模式，降低商品价格，吸引追求性价比的用户，并通过创新的商业模式和下沉市场策略，迅速扩大用户范围。这3个平台通过不同的品牌定位和市场策略，成功地满足了不同用户群体的需求，展示了品牌定位在电商领域的重要性和影响力。

2. SWOT 分析法

SWOT 分析法是一种战略规划方法，用于帮助组织识别和评估内部优势和劣势，外部机会和威胁，以制定有效的业务战略，如图 4.2 所示。其目标是全面了解影响决策的所有因素，从而优化战略、改进运营，应对潜在挑战。该方法旨在揭示企业规划失败的原因，现已成为企业管理中的重要方法之一。

【SWOT 分析法】

SWOT 分析法通常涉及 4 个关键步骤：首先，列出组织的内部优势和劣势，如资金、资源、员工和流程；其次，识别外部机会和威胁，如市场趋势、经济变化和竞争情况；再次，通过创建四列表格，对这些因素进行系统比较；最后，找出优势和机会，以帮助克服劣势和威胁。有效的 SWOT 分析不仅能帮助组织识别关键问题和机会，还能提供战略建议，如利用优势和机会来缓解劣势和威胁，制定创新的战略规划。SWOT 分析法的主要目的是为组织提供一个全面的视角，支持决策和战略发展。

SWOT分析法

The good

优势 Strengths
我们能动用哪些资源？
我们的优势是什么？
我们哪些方面可以做好？

The not-so-good

劣势 Weaknesses
我们缺少哪些能力？
我们在哪些方面遇到挑战？
如何克服这些弱点？

机会 Opportunities
谁可能最看重我们的优势？
哪些趋势对我们有利？
哪些目标是我们可以实现的？

威胁 Threats
谁可能成为我们的竞争对手？
可能发生哪些不利情况？

What we've got

What's out there

图 4.2　SWOT 分析法的框架

3. 竞品分析

竞品分析是一种重要的市场研究方法，其目标是深入了解竞争对手的市场表现、策略和定位。通过对主要竞争对手的系统性分析，企业能够识别自身产品或服务的竞争优势和改进机会，从而优化市场策略，并在竞争激烈的市场中脱颖而出。

【竞品分析】

竞品分析在多种情境中发挥作用，如在企业进入新市场或推出新产品之前，通过了解竞争对手的市场地位和策略，企业可以制订针对性的市场进入方案。当企业面临市场挑战或需要调整策略时，竞品分析能提供有价值的市场洞察。此外，竞品分析也有助于优化产品功能和质量，引导企业制定精准的营销策略以应对竞争对手的市场活动。

竞品分析的主要维度：竞争对手概况，分析竞争对手的企业背景、市场份额、业务模式和经营规模，了解其历史、发展轨迹和市场地位，识别其市场定位和业务重心；市场定位，评估竞争对手的市场定位策略，包括目标市场、品牌定位和定位策略，以了解他们如何在市场中定义自己及其目标用户群体和目标用户群体的需求；产品或服务特点，分析竞争对手的产品或服务的特点，如功能、质量、价格、差异化卖点及创新点，这些信息有助于识别自身产品的优势和改进点；营销策略，研究竞争对手的营销和推广活动，包括广告策略、销售渠道、市场传播方式和促销活动，以了解他们如何吸引和保留用户及其市场沟通策略；用户反馈和满意度，收集和分析竞争对手产品或服务的用户评价和反馈，了解其用户的满意度和需求，从而发现市场中的痛点和改进机会；市场表现，评估竞争对手的市场表现数据，包括销售数据、市场增长率、财务表现和市场趋势，帮助了解竞争对手的业务成功程度和市场动态，如图 4.3 所示。

小知识

竞品分析和 SWOT 分析法是两种互补的方法。竞品分析聚焦于竞争对手的市场表现、产品特点和营销策略，以识别竞争优势和劣势。SWOT 分析法则评估企业自身的优势、劣势、机会和威胁，从内部和外部视角制定战略。两者结合使用，可以帮助企业全面了解市场环境，优化战略决策，提升竞争力。

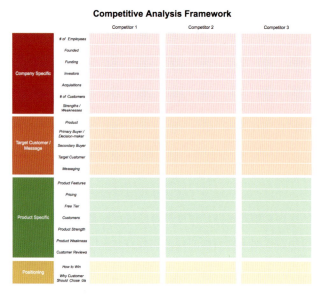

图 4.3　竞品分析的框架

4. 品牌钥匙模型

品牌钥匙模型是一种由联合利华品牌团队开发的工具，它通过 9 个要素帮助营销人员在一页上展示品牌的 USP 元素[①]。这些要素包括核心优势，竞争环境，理想用户目标，用户洞察，用户利益，价值观、信念和灵感，相信的理由，差异点，以及品牌理念或品牌核心，如图 4.4 所示。

（1）核心优势。确定品牌的核心优势是产品、服务、消费体验，还是价格。

（2）竞争环境。理解竞争对手的行为和品牌在市场中的相对价值。

（3）理想用户目标。明确理想用户群体的特征，包括人口统计特征和心理特征。

（4）用户洞察。发现用户行为、动机、痛点和情感背后的秘密。

（5）用户利益。用户利益包括功能性利益和情感性利益，这些是品牌带给用户的好处。

（6）价值观、信念和灵感。品牌的价值观构成文化基础，信念来自经验，灵感激发团队热情。

[①] USP 代表独特卖点（Unique Selling Proposition），它是营销和品牌管理中的一个核心概念，指的是某个产品或服务所具有的独特特征、优势或价值，这些是其他竞争品牌不具备的，或者至少是与众不同的。USP 是品牌用来区分自己，并吸引和保留用户的关键要素。

图 4.4　品牌钥匙模型

特定位。凭借品牌粉丝的忠诚度，在竞争激烈的市场中，特斯拉专注于创新而非单纯的竞争。它针对的是追求个性和创新的用户，提供高性能电动汽车，带来未来派的感官体验和自由。特斯拉的价值观强调环保和技术创新，其现代技术打造的车辆性能让人感受到了驾驶的未来感。品牌的差异点是其高性能和对未来汽车愿景的清晰塑造。特斯拉的理念是将电动汽车设计为未来车型，提供全新的驾驶体验，这成功地塑造了一个推动电动汽车发展和技术创新的品牌形象，如图 4.5 所示。

5. 价值主张画布

【价值主张画布】

价值主张画布是一个战略工具，旨在帮助企业深入理解用户需求并优化产品或服务的价值主张。它通过系统地将用户的需求、痛点和期望与产品或服务的特性对接，从而确保产品或服务能够有效解决用户问题并提供实际价值。

在实际应用中，价值主张画布被广泛用于产品开发、市场定位和品牌战略制定等方面。在产品开发过程中，它帮助团队确保产品设计和功能能够满足用户的实际需求。在市场定位和品牌战略制定中，它用于明确品牌的独特性和差异化优势，帮助企业在竞争激烈的市场中脱颖而出。

实现步骤（如图 4.6 所示）：首先，定义用户细分画布，识别用户需要完成的任务、面临的痛点及希望获得的利益；其次，设计价值主张画布，描述产品或服务，

（7）相信的理由。提供支持 USP 的 4 种品牌声明类型，即流程支持、产品声明、第三方背书和行为结果。

（8）差异点。确定用户选择本品牌而非竞争对手的品牌的最具说服力的理由。

（9）品牌理念或品牌核心。品牌理念或品牌核心应简洁、独特、鼓舞人心，并能够拥有市场空间。

案例

特斯拉的品牌钥匙模型强调其作为行业颠覆者的独

图 4.5　特斯拉钥匙模型范例

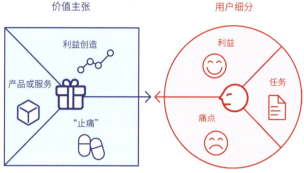

价值主张　　　　　　　　　用户细分

图 4.6　价值主张画布的实现步骤

并说明它如何缓解用户的痛点（"止痛"）及如何创造用户的利益（利益创造）；最后，通过对齐和优化，确保产品或服务的特性与用户需求匹配，并进行验证和测试以进一步改进。

第三节　品牌视觉识别系统

一、设计构思

首先，团队需要从产品的核心理念和市场定位出发，通过用户和市场调研，结合"头脑风暴"，提炼出2～4个品牌关键词。这些关键词应反映用户的使用动机和体验感受。其次，团队需要挖掘和推导能够体现产品品牌特质的视觉元素，通过情绪板来收集设计灵感，进而将设计灵感转化为具体的设计关键词。在探索和确定视觉风格的过程中，团队需要基于品牌识别度、可实现性和适应性等对设计输出进行评估，筛选出2～4种风格供评审。最后，通过设计提案和概念测试，团队需要采用可用性测试方法，结合量表问卷评估和深度访谈，对设计方案进行测试和优化，确保最终的视觉方案既美观，又能有效地传达品牌信息，提升用户的品牌体验。

【情绪板】

1. 情绪板

（1）情绪板概述

情绪板是一种启发式和具有探索性的方法，它帮助设计者理解用户对风格的期望。一般来说，在没有实物前，人们并不清楚自己想要什么。但是在看到成品后，他们可以轻易地判断该成品是否符合自己的喜好或期望。情绪板作为一种设计工具，对于设计者而言，它不仅是定义视觉风格和指导设计方向的重要依据，还帮助他们明确设计思路和风格；对于团队而言，它是传递设计灵感和思路的桥梁，促进团队成员之间的沟通和想法的融合，从而深化设计。同时，情绪板通过让用户参与设计流程，不仅提高了工作效率，还帮助设计者更深入地理解业务需求和用户期望，以避免在错误的方向上投入过多资源，如图 4.7 所示。

图 4.7　情绪板示例

（2）情绪板的推导过程

情绪板的推导过程首先始于明确原生关键词，这一步骤涉及从内部受众和外部用户两种渠道获取信息，通过访谈和用户研究收集体验词样本，进而进行归纳整理。其次，设计者需要挖掘衍生关键词，通过"头脑风暴"将原生关键词进一步发散和提炼，形成更具体的衍生关键词。再次，设计者会根据这些关键词搜集相关的素材，素材既包括具象的实物场景图片，也包括抽象的设计元素图片。在搜集完素材后，设计者便进入制作情绪板的阶段，将归纳和整理的素材进行排版组成情绪板，并提取与设计主题有关的内容。最后，情绪板将被用来确定视觉设计策略，设计者可以通过情绪板制定视觉风格，提取图形、色彩、字体、构成、质感等元素，如图4.8所示。

案例

天猫奢品的情绪板推导过程是一个系统化创意流程，设计者首先通过深入的用户洞察，分析目标用户群体的特征和喜好；其次，通过情绪板分析，收集和归类大量图片，提取能够代表"奢侈品"和"高级感"的视觉元素，进而定义重奢和潮奢两种不同的视觉风格。在色彩和材质的选择上，重奢风格倾向于使用黑、金、白等品牌主色，以及低纯度、低明度的类比色系和天然、有岁月感的材质；而潮奢风格则倾向于高纯度、高明度的对比色系和新型混合材质。再次，设计者提炼出易于记忆且具有足够调性的品牌符号，如钻石的三角抽象轮廓，来表达奢侈品的高价值和奢华感，如图4.9所示。最后，这些视觉元素和符号被应用到实际的设计项目中，如天猫"双11"活动的设计作品，确保设计作品能够准确传达品牌价值和风格。

2."头脑风暴"

"头脑风暴"是一种旨在通过集体讨论产生大量创意和解决方案的创造性思维技巧。其核心在于鼓励团队成员自由表达想法，不受限制地探索各种可能，从而突破传统思维的局限，激发创新。通过汇集团队成员的多样化观点和经验，"头脑风暴"能够帮助解决特定问题，同时也增强了团队成员的合作和沟通能力，如图4.10所示。

【"头脑风暴"】

有效的"头脑风暴"需要一些技巧。首先，团队需要明确讨论的目标和要解决的问题，确保讨论有明确的方向。其次，团队成员需要自由表达想法，这些想法不会被立即评判，而会被记录下来；因为不同的思维方式，如逆向思维或类比思维，都能够进一步激

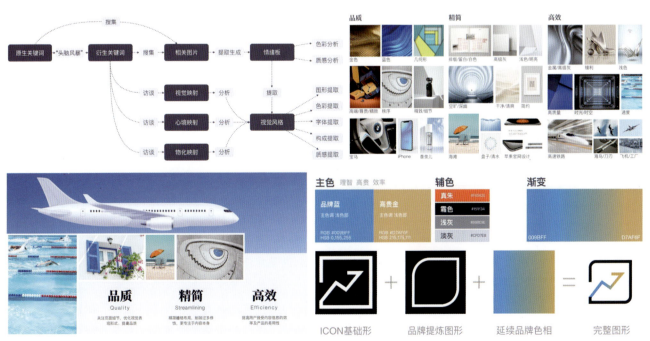

图4.8　情绪板推导过程

图 4.9 天猫奢品的情绪板设计效果

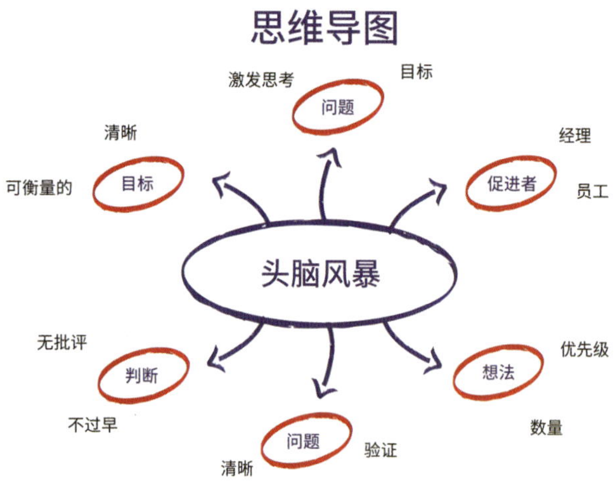

思维导图

图 4.10 "头脑风暴"示例

通常不需要复杂的工具，只需要纸笔或数字工具即可实施。

"5 个为什么"法适用于各种问题解决场景，尤其适用于解决那些复杂或重复出现的问题。它常用于制造业、质量管理和工程等领域，但同样适用于其他行业。当团队或组织遇到看似棘手的难题时，可以使用这一方法系统性地分析问题，确保找到问题出现的根本原因并解决问题，从而防止问题再次发生。

"5 个为什么"法的步骤：首先，清晰地定义所遇到的问题；其次，询问第一个"为什么"，寻找问题出现的初步原因；再次，基于前一个回答，继续追问第二个、第三个、第四个和第五个"为什么"，逐步深入问题的本质；最后，通过追问，找到根本原因，制订具有针对性的解决方案，并验证实施效果，确保问题得到彻底解决，如图 4.11 所示。

发创造力。最后，设定时间限制可以提高讨论的效率和增强紧迫感。

组织"头脑风暴"研讨会的过程包括几个关键步骤：准备阶段须明确会议目的和议题，选择合适的参与者，准备好记录工具；引导讨论时，介绍规则和目标，进行热身活动以激发思维；生成想法后，对所有意见进行整理和筛选，评估其可行性，并将最佳方案转化为具体行动计划，以确保实施效果。

3. "5 个为什么"法

"5 个为什么"法是一种用于分析根本原因的方法，旨在通过不断追问"为什么"来探寻问题的深层原因。这种方法强调通过追问每个问题的原因，逐步揭示导致问题的根本原因，而非仅解决表面问题。它简单易用，团队

【"5个为什么"法】

案例

某汽车企业在面临生产线停工问题时，运用"5 个为什么"法进行了深入分析。首先，该汽车企业发现生产线停工是因为关键组件发生故障，进一步调查发现问题源于供应商提供了有缺陷的零件；再追溯原因发现，供应商的质量控制存在问题，而这些问题的根本原因是该汽车企业与供应商的沟通和协作不够紧密，供应商的质量管理要求和监督机制不完善。为解决这一问题，该汽车企业加强了供应商管理，改善了沟通机制，并增加了监督措施，以确保所有供应商遵循质量标准。

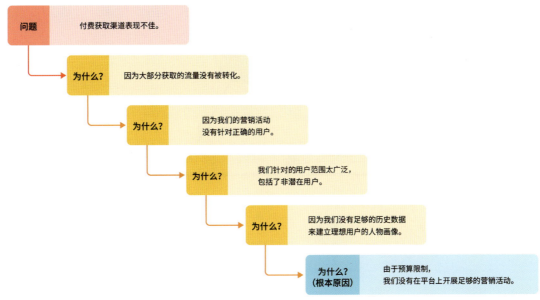

图 4.11　使用"5 个为什么"法的示例

4. 鱼骨图

鱼骨图，又被称为"因果图"，是一种用于分析根本原因的工具，旨在识别和分析导致特定问题或现象的各种因素。这种图形化工具的外形类似鱼骨，因此得名。

【鱼骨图】

它通过将问题的潜在原因按照不同类别进行分类，以帮助团队系统地探讨和找出问题的根本原因，如图 4.12 所示。

鱼骨图的核心结构是一个"骨干"（问题的主体）和从"骨干"延伸出的"骨头"（各种可能的原因）。鱼骨图通常会将原因分为几个主要类别，如人员、机器、材料、方法、环境等，这些类别帮助团队系统地分类和组织问题的各个方面。

鱼骨图的绘制通常从明确问题开始，然后确定主要的原因类别；在每个类别下，进一步列出问题的具体原因。通过这种结构化的方法，团队能够识别出哪些因素对问题的影响最大，从而制定具有针对性的改进措施。

鱼骨图被广泛应用于质量管理、过程改进和问题解决，特别是在复杂的问题分析和解决方案制订时。它不仅帮助团队识别和分析问题的根本原因，还促进了团队成员之间的沟通与协作。

二、品牌视觉识别系统设计

1. LOGO 设计

（1）LOGO 的重要性

品牌 LOGO 作为整个品牌视觉识别系统的核心，扮演着至关重要的角色。它通过视觉符号化方式，以一个简单、有记忆点的元素来传达品牌的身份、价值和形象。一个成功的品牌 LOGO 通常是简洁、易识别且独特的，能够有效地传递品牌的特色和内涵。更重要的是，品牌 LOGO 往往承载着品牌的故事、文化和精神，成为品牌与用户情感连接的桥梁。这种设计不仅需要考虑美感和功能性，还需要深入反映品牌的内在价值和市场定位，确保在不同的应用场景和媒介中都能保持一致性和辨识度。

案例

支付宝 LOGO 设计的演变展示了品牌如何通过颜色和设计的变化来适应时代发展和用户审美。最新版 LOGO 仅保留"支"字，采用更简洁、现代的设计，保持了熟悉的科技蓝作为主色；通过去除边框，使 LOGO 更显活力，符合年轻用户的审美。最新版 LOGO 的线条更流畅，增强了延伸性，而立体光的引入则增强了通透感和灵动感，给人以柔和的观感，如图 4.13 所示。

（2）LOGO 设计的步骤

LOGO 设计是一个深思熟虑的过程，它涉及 4 个关键步骤：首先，与需求方深入沟通以提取反映品牌核心理念和产品特性的关键词；其次，通过"头脑风暴"

【完整的 LOGO 设计步骤】

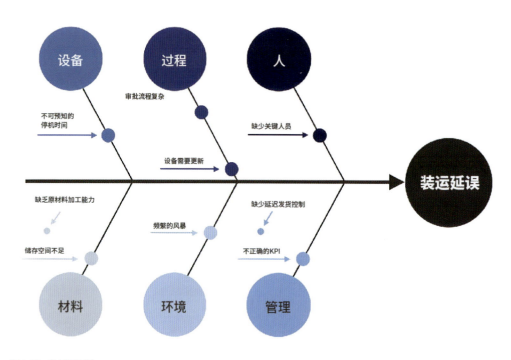

图 4.12   鱼骨图示例

2004 支付宝
2004 支付宝
2006 支付宝
2007 支付宝

2010 支付宝 Alipay.com
2013 支付宝 Alipay.com
2015 支付宝 ALIPAY
2020 支付宝

支
2024

图 4.13   支付宝 LOGO 设计的演变

探索不同的 LOGO 形式，如首字母、全称、核心功能图形或产品形象，以找到最符合品牌定位的设计方案；再次，根据产品属性、目标用户群体和品牌定位，精心挑选配色方案，确保 LOGO 能够传递正确的情感和品牌认知；最后，利用 LOGO 设计网格、黄金比例等设计工具，细致打磨 LOGO 的细节，提高其专业度并增强美感，如图 4.14 所示。此外，用户反馈、设计趋势、文化差异和 LOGO 的可扩展性也是设计过程中不可忽视的要素。

案例

天猫"双 11"全球狂欢节十周年的 LOGO 改版设

计是 Alibaba Design 团队深入洞察与创意探索的结晶。团队首先认识到了 10 周年的重要性，明确了超越传统 LOGO 设计的目标，即构建一种仪式感，让品牌与用户之间的美好情感得以流通和引发共鸣。通过回顾过去 10 年的共同成长和展望未来，团队挖掘了平台与用户的共通之处，并将新的消费趋势和全球化视野融入设计。在"头脑风暴"研讨会中，团队还原用户身份，提炼出品牌宣言，将购物体验转化为可视化表达。面对设计挑战，团队选择了简约的设计方案，确保猫头、11.11 和 10 周年等核心元素的融合，并为未来品牌的沟通留下空间。在设计风格上，LOGO 改版设计在保持波普艺术基调的同时，通过老元素的新组合，创造出全新的视觉感受，如图 4.15 所示。

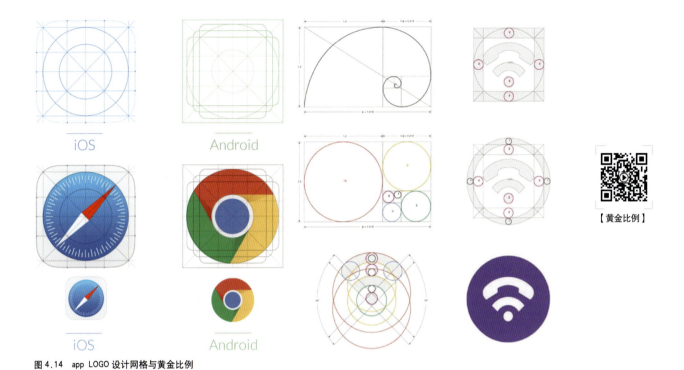

图 4.14　app LOGO 设计网格与黄金比例

图 4.15　天猫"双 11"全球狂欢节十周年的 LOGO 改版设计

小知识

　　app 通常选用易于记忆且发音悦耳的名称，这些名称往往利用谐音，以便用户口口相传。至于 LOGO 的设计，一般紧密围绕 app 的名称展开，常常采用汉字、动物形象或英文首写字母等元素，这种设计策略不仅让品牌形象更加生动，也有助于品牌在用户心中留下深刻印象。

（3）AIGC 辅助 LOGO 设计

使用人工智能生成内容（AI-Generated Content，AIGC）工具进行 LOGO 设计的过程包括选择风格、输入描述、随机生成和优化设计这几个关键步骤。设计者首先需要注册 AIGC 平台的账号，注册完成后即可利用其工具来生成 LOGO。通过输入描述，AIGC 工具能够随机生成多个 LOGO 供设计者选择，并允许设计者根据需要调整 LOGO 的对称性、颜色和形状等，以实现最佳的设计效果。

在设计过程中，设计者可以探索不同的风格和元素，甚至将它们组合起来，以反映品牌的特色和精神。品牌名称的缩写或单个字母、特定的提示词可以引导 AIGC 工具生成符合要求的 LOGO。此外，版权问题也不容忽视。设计者应确保使用的元素都是免费可商用的，或者已经获得了相应的授权，以避免可能的版权纠纷。

（4）标准字设计

标准字设计是品牌视觉识别系统的核心部分，涉及创建和定制品牌 LOGO 的字体。其目的是通过独特的字体风格和设计元素传达品牌的核心价值和个性。标准字设计的应用包括在各种媒介和平台上（如网站、广告、名片和包装等）保持一致的品牌形象。其设计技巧包括选择与品牌调性一致的字体类型，定制字形以确保独特性，调整字体间距和比例以达到视觉平衡，以及确保字体在不同尺寸和背景下的识别性。

案例

京东朗正体作为京东品牌字体，巧妙融合了京东的企业气质，通过 2∶3 的横竖笔画粗细比例和简洁有力的平切直切笔画切角，不仅增强了字体的识别性，也符合现代审美，如图 4.16 所示。京东朗正体家族的 5 种字体，即纤秀、玲珑、正道、巍峨、苍穹，满足了不同场景的需求，并通过视觉层次的构建，有效提高了信息传递的效率。

小知识

为了确保品牌的独特性与一致性，品牌通常会创建独特的字体样式来表现品牌名称，而不直接使用标准的

图 4.16　京东朗正体与京东 LOGO 的组合应用

字库字体。这种独特的字体样式不仅能更好地体现品牌个性，还能在各种应用场景中保持品牌形象的一致性。

2. 品牌色彩设计

（1）品牌色彩设计的步骤

品牌色彩设计首先需要明确品牌的核心价值、目标用户群体、竞品情况和市场定位，为品牌的整体形象和视觉语言奠定基础；其次，结合色彩心理学，选择能够有效传达品牌核心价值和情感的颜色；再次，通过创建情绪板，收集与品牌核心价值观和情感符合的视觉元素，定义品牌的视觉风格，从情绪板中提取主色和辅助色，确保整体视觉风格的协调性，利用 Adobe Color 等调色板生成器生成多种颜色组合，进一步探索和优化色彩方案；最后，通过"头脑风暴"、用户测试的手段，收集反馈，确保最终选出的品牌主色能够有效传达品牌信息，并引发目标用户群体的共鸣。

（2）色彩模式与色彩心理学

色彩是视觉传达中的核心元素，能够深刻影响用户的情感和感知。在实际应用中，色彩模式是设计者在设计软件中常用的具体表示方式。常见的色彩模式有 RGB、CMYK、HSB 和 HEX 模式。RGB 代表红、绿、蓝，常用于数字显示；CMYK 代表青、品红、黄、黑，常用于印刷；HSB 代表色相、饱和度、亮度，常用于图形处理，帮助设计者实现精确的颜色控制；HEX 则使用 6 位 16 进制数来表示颜色，常用于网页和编程，如表 4-1 所示。

表 4-1　色彩模式对比

色彩模式	代表意义	使用场景	编码原则	举例示范（红色）
RGB	红（R）、绿（G）、蓝（B）	计算机显示器、电视、移动终端	通过调节红、绿、蓝光的强度，组合生成颜色	Red（255，0，0）
CMYK	青（C）、品红（M）、黄（Y）、黑（K）	彩色印刷、出版	通过叠加或减少青、品红、黄、黑的墨水，组合生成颜色	Red（0，100%，100%，0）
HSB	色相（H）、饱和度（S）、亮度（B）	设计软件、图像处理	色相决定颜色类型，饱和度决定颜色纯度，亮度决定颜色明暗	Red（0，100%，100%）
HEX	红、绿、蓝通道的 16 进制数组合	网页设计、CSS、编程	6 位 16 进制数表示	#FF0000

小知识

HSB 色彩模式非常适合用于创建色彩系统，设计者常用改变色相数值，微调饱和度和亮度数值的方式控制和调整颜色，使颜色在应用中更加协调一致。

基于人们对颜色温度的感知，颜色被归类为暖色系、冷色系和中性色。24 色环能够帮助人们理解颜色之间的关系，从互补色、对比色、中差色到邻近色和类似色，每一种颜色组合都能产生不同的视觉效果，如图 4.17 所示。颜色还能激发情感反应，不同的颜色代表不同的情绪，这在品牌色彩结构中尤为重要。品牌色彩结构包括主色、辅助色、中性色、强调色和互补色，以及颜色规范和响应色，这些都需要根据一致性、差异化和灵活性等色彩规则来设计。

色彩心理学揭示了颜色如何影响人们的情感和行为，每种颜色都有其独特的心理效应。例如，红色激发激情和紧急感，而蓝色带来平静和信任感；绿色与自然和健康紧密相连，黄色则传递快乐和活力；橙色是温暖和社交的颜色，紫色则与奢华和创造力有关；粉色柔和而浪漫，通常与女性和爱情联系在一起；黑色代表权力和正式，白色象征纯洁和简约，灰色则给人平衡和中立的感觉。

（3）色彩系统的创建步骤

创建一个专业的色彩系统是一个从品牌色彩开始，逐步建立科学和一致的调色板的系统化过程（如图 4.18 所示）。首先，设计者需要把品牌色彩作为视觉传达的核心，并考虑其在不同背景下的可访问性和对比度。其次，设计者需要创建色彩梯度，即颜色从亮到暗的平滑过渡，这对创建视觉上连贯的颜色范围至关重要，色彩梯度被用于设计元素、交互状态和插图等。这个过程涉及 HSL 模型，其中 H 代表色相，决定了颜色的基本类型；S 代表饱和度，影响颜色的纯度；L 代表亮度，决定

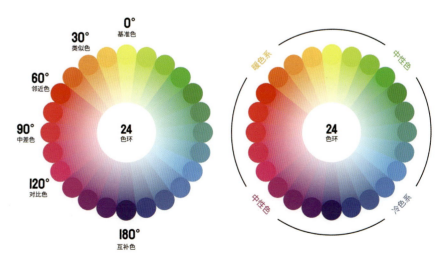

【色彩对比与色彩心理学】

图 4.17　24 色环中的色相对比与色彩冷暖

颜色的明暗。通过调整亮度，设计者可以创建从最亮到最暗的色彩梯度，同时根据需要调整饱和度以控制颜色的丰富度。完成第一个色彩梯度后，设计者还需要对其他颜色重复相同步骤，保持一致的饱和度和亮度水平；根据设计需求，可能需要添加新的色彩梯度，如通过调整色相值创建橙色梯度。最后，设计者需要定义这些颜色在设计系统中的使用方式，制作语义颜色集，确保其他设计者明确知道如何及何时使用每种颜色，从而创建一个既美观又实用的色彩系统，确保设计在视觉上的一致性和可访问性。

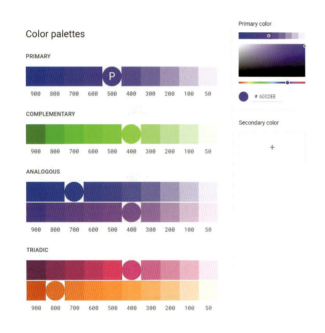

图 4.18　色彩系统

【色彩系统的创建】

案例

支付宝的最新版 LOGO 体现了品牌对现代感和活力的追求，通过调整 HSB 参数来实现这一目标。其中，色相和饱和度保持不变，是为了保证 LOGO 的延续性，而亮度的提高则让 LOGO 显得更加轻盈和具有现代感，与品牌希望传递的开放和创新的形象吻合，如图 4.19 所示。这样的色彩调整不仅让 LOGO 在视觉上更加吸引人，还有助于 LOGO 在不同光线条件下保持出色的可读性和视觉效果。

H:212　S:100　**B:91**

H:212　S:100　**B:100**

图 4.19　支付宝的最新版 LOGO 的色彩调整

小知识

在实际应用中，色彩的面积对比也是十分重要的，"60-30-10"原则是一种经典的设计原则，广泛应用于室内设计、平面设计和视觉品牌设计。根据这一原则，设计中的颜色应按 60%、30% 和 10% 的比例分布，分别代表主色、次色和强调色。主色占 60%，为整体设计奠定基础；次色占 30%，用于提供视觉上的对比与层次感；强调色占 10%，用于点缀和吸引注意，创造视觉焦点。

3. 文字版式设计

【文字版式设计】

文字版式设计指的是文本的视觉呈现方式，它不仅关乎如何呈现文字，还关乎如何通过文字传达信息、情感和品牌个性。文字版式设计在用户界面设计中扮演着至关重要的角色。它不仅影响界面的视觉美感，还直接影响用户体验。良好的文字版式设计可以帮助用户迅速获取和理解信息，通过清晰的层次结构和视觉引导增强界面的易用性，如图 4.20 所示。同时，文字版式设计还可以提高品牌的识别度，通过一致的字体风格和布局强化品牌形象。

文字版式设计的核心元素包括字体、字号、行间距、字间距、对齐方式和字体颜色。选择合适的字体，如衬线字体、无衬线字体或手写体，确定适当的字号和行间距，设置适宜的字间距和对齐方式，以及确保字体颜色与背景的对比度足够高，这些都对文字的展示和用户体验产生积极影响。

在界面中进行文字版式设计时，设计者首先需要定义与品牌和用户需求符合的字体风格，创建清晰的层次

图 4.20　具有清晰的层次结构的文字版式设计

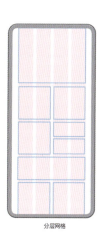

图 4.21　界面设计常见网格类型

结构，确保界面中所有文本样式的一致性；其次，需要考虑响应性，确保字体在不同设备上是清晰可读的，优化可访问性，提供用户自定义选项，并通过用户测试和反馈不断优化设计。通过这些步骤，设计者能够有效地利用文字版式设计提高界面的美观性和实用性。

小知识

在互联网产品的文字版式设计中，app 的默认字体主要由设备品牌的设计规范和操作系统决定，不同的手机品牌有不同的默认字体。例如，华为设备通常使用 HarmonyOS Sans 作为中英文字体；小米设备则使用 MiSans 字体，支持 600 多种语言；苹果设备使用 San Francisco 字体。苹果的开发者网站还提供了关于不同设备的不同级别字体大小和行距的推荐设置，设计者在界面中进行文字版式设计时要尽量遵循这些基本要求。

4. 网格系统

网格系统通过将界面划分为规则的列与行，帮助设计者系统性地安排和对齐内容，从而实现整洁有序的视觉布局。它不仅是界面结构的组织工具，而且是实现视觉一致性与功能逻辑统一的关键手段。网格系统的核心价值在于增强界面的可读性与可用性，增强视觉的协调性，并确保设计在不同设备和尺寸屏幕上保持一致性和适应性。

【网格系统】

在界面设计中，常见的网格类型包括柱状网格、模块化网格和分层网格，如图 4.21 所示。柱状网格是最常用的结构形式，通过将界面划分为多个垂直列，为内容提供清晰的组织框架，常用于网页和 app 界面设计，电脑端通常采用 12 列布局，而移动端则调整为 2～4 列以适应屏幕尺寸。模块化网格在柱状网格的基础上进行

水平划分，形成均匀的矩形模块，适用于图片库、产品列表等需要高度一致和规则排列的内容展示，如电商网站。分层网格则强调内容的视觉层级与灵活编排，允许设计者根据内容的重要性对元素进行自由排布，适用于作品集、展示型页面等需要突出重点和丰富视觉节奏的设计场景。

为了提高网格应用的效率与一致性，设计者可以借助专业的设计工具。即时设计通过共享设计库功能，实现团队对网格、色彩、字体、图标等视觉元素的统一管理；Sketch 内置灵活的网格设置与布局工具，支持自定义列宽和间距；Figma 不仅支持多类型网格的创建，还具备强大的实时协作能力；Adobe XD 提供了可调节的网格与辅助线，能够满足对复杂布局的灵活控制。

小知识

在跨设备设计中，为了适应不同尺寸屏幕并保持设计统一性，设计者会根据设备特点选择不同列数的网格系统。手机端可能使用 4 栏网格以保持简洁性，PAD 端可能使用 8 栏网格以展示更丰富的内容，而电脑端则可能使用 12 栏网格来实现复杂且协调的布局。这种基于倍数增长的网格系统策略，确保了用户在不同设备间获得连贯且优质的体验。

三、品牌图形设计

品牌图形设计是品牌视觉识别系统的关键组成部分，包括图标设计和插图设计。图标设计致力于创造简洁明了、具有视觉冲击力和记忆点的 LOGO，能够在不同尺寸和背景下被清晰辨识，从而传达品牌的核心理念和独特性。插图设计则通过手绘、数字插图或其他形

式，为品牌增添生动的视觉风格和丰富的情感表达，用于广告、网站和社交媒体等渠道，以增强品牌的故事性和视觉吸引力。

（一）图标设计

1.图标设计概述

图标是界面设计中的关键元素，通过图形符号传达信息，提升用户体验。图标作为高度概括的视觉标识，在界面中与文字相辅相成，表达 app 的功能、特征和品牌形象。图标能高效传达信息，跨越语言和文化障碍，节省空间并加快用户浏览速度。此外，图标还美化了界面，提高了界面的视觉舒适度，避免界面单调，增强用户的互动体验。

图标设计风格的多样性主要通过基础样式（线性、面性、线面结合）和属性手法（无色、单色、双色、多色、透明、渐变、透视）的组合来实现。线性风格使用简单的线条勾勒图标轮廓，面性风格填充颜色，而线面结合风格则同时使用线性和面性元素。无色风格图标没

有颜色，单色风格使用单一颜色，双色风格使用两种颜色，多色风格使用多种颜色，透明风格使用透明效果，渐变风格使用渐变色，透视风格使用透视效果。不同的组合可以创造出具有不同风格的图标，适用于不同的应用场景和设计需求，如图 4.22 所示。

图标设计气质可以通过不同的风格来表现。中性风格以简洁的线条和实用的设计展现现代感；优雅风格通过流畅的线条和精致的细节传递高贵与正式；友好风格以柔和的线条和圆润的形状营造亲切感；角状风格通过硬朗的线条和方正的形状展现科技感；粗犷风格以粗犷的线条和简单的形状传递力量感；天真风格以简单的线条和圆润的形状表现童趣；手工风格通过细致的线条和丰富的细节展现手工制作的温暖与个性化；复古风格则以粗细不一的线条和复杂的细节营造怀旧的经典感。这些风格通过不同的线条、形状和细节表现，传达出多样的设计气质，能够满足不同应用场景和用户群体的需求，如图 4.23 所示。

图 4.22　图标设计风格

图 4.23　图标设计气质

小知识

图标设计需要与品牌 LOGO 的元素和色彩紧密结合，确保整体设计的一致性和辨识度。设计者应深入理解品牌的核心价值和目标用户群体，将 LOGO 中的独特图案或符号巧妙地融入图标设计，同时使用品牌色彩来强化视觉识别。

2. 图标设计原则

好的图标设计需要具备几个关键特点以确保其在不同情境下的有效性和易用性。首先，图标必须是通用的，这意味着它们应该使用被广泛理解的图像来传达明确且相关的信息，跨越语言和文化障碍，确保不同用户都能理解其含义；其次，图标设计应该简单直观，去除不相关的信息，但要避免过度抽象，保留足够的可识别元素来清晰传达其含义，确保图标在简单和易于识别之间取得平衡；再次，图标需要清晰易读，即使在尺寸缩小或视觉条件不佳的情况下也能保持可读性，并维持其基本形状和特征，以便用户能够快速准确地理解图标的含义；最后，好的图标设计具有一致性，一套图标应根据明确的构造指南进行设计，保持大小、形状和整体风格的统一，这样用户就可以轻松地将图标与特定体验联系起来，而一致性不仅促进了用户对图标的理解，还支持了高效的导航和交互，如图 4.24 所示。

小知识

图标是否通用可以通过 iconfont——阿里巴巴矢量图标库查询，以确保图标符合大众认知，常见的图标如垃圾桶通常代表删除功能。图标设计还应遵循简洁性原则，与 LOGO 设计一致，尽量采用几何形状进行图形的加减，以保持图标的清晰度和可识别性。同时，为了实现风格的一致性，图标设计可以统一使用相同的线条和配色，确保图标在视觉上的和谐统一。

【图标设计步骤】

3. 图标设计步骤和注意事项

（1）创建一个 32×32px 的画板，确保图标有 2px 的留白，即实际绘制区域为 28×28px。

【水资源图标设计步骤】

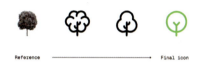

图 4.24 图标设计原则

（2）将图标绘制在画板内，并确保图标与像素网格对齐，以保证图标的清晰度和一致性；然后根据需求选择图标的粗细和圆角（直角拐角或非直角拐角）。

（3）绘制完成后，将所有笔画转换为轮廓（在 Adobe Illustrator 中使用快捷键 Ctrl+Shift+O），确保导出 SVG 文件时不会出错。

（4）使用布尔运算（联集、相减、交集和差集）或贝塞尔曲线（调整节点、控制点和控制线）来塑造图标形状，并根据需要调整节点的属性（如尖角节点、镜像关联节点、无关联节点、不对称关联节点），以优化图标的细节，如图 4.25 所示。

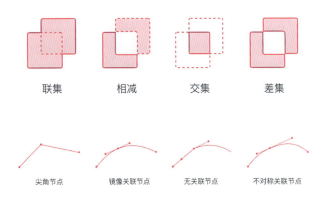

联集　　　相减　　　交集　　　差集

尖角节点　　镜像关联节点　　无关联节点　　不对称关联节点

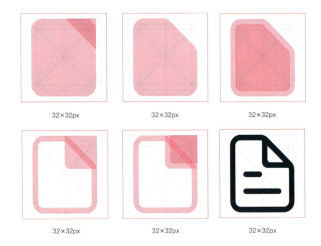

32×32px　　　32×32px　　　32×32px

32×32px　　　32×32px　　　32×32px

图 4.25　图标设计步骤

小知识

图标设计要求严格遵循网格对齐原则，确保每个图标的边界和关键元素都能精准地对齐到网格线上，以实现跨设备的一致性和清晰度。在图标设计过程中，设计者 【图标设计的几何形加减】 需要取两个及以上基本几何形状（如圆形、正方形、三角形等），根据设计需要将它们进行布尔运算并得到新图形；遇到斜角时保持统一的倾斜角度，增强视觉连贯性，色彩选择上使用品牌色彩。

4. 图标的应用场景与类型

图标是界面非常重要的组成部分，不同位置的图标在界面中所起到的作用不同、风格也不同，其设计思路更是有所区别，如金刚区图标、底部 Tab 栏图标、系统图标、装饰图标等。

（1）金刚区图标

金刚区图标位于 app 首页或其他显著页面，作为功能模块的入口，它们在视觉上需要突出以吸引用户注意，同时保持与 app 整体设计风格的一致，如图 4.26 所示。金刚区图标呈现出多样化的风格，以适应不断变化的用户体验需求和品牌表达需求。从具有丰富层次感和质感的晶白风格，到流行的磨砂玻璃质感，再到微质感的立体空间感强化，每种风格都通过独特的视觉语言增强了图标的表现力。此外，主题化图标设计结合节日或特定主题，可以强化产品的情感化表达。

图 4.26　金刚区图标

小知识

在特殊节日或大型活动期间，具有特殊样式的金刚区图标，可以显著增强节日氛围。这种图标设计通常包括特殊节日的主题颜色、图案或与大型活动有关的元素，使整个界面在特殊节日或大型活动期间更具吸引力和互动性。

（2）底部 Tab 栏图标

底部 Tab 栏图标作为用户导航的主要工具，通常位于易于触摸的屏幕底部，它们设计得简洁明了，同时具备高度的识别性，如"首页""发现""我的"等，常用扁平化风格来呈现。这种风格不仅简洁直观，而且通过融入品牌形象，有效提高了品牌识别度，如图 4.27 所示。

小知识

结合线性图标和面性图标的底部 Tab 栏确实能够提供明确的视觉反馈，帮助用户更直观地了解当前所在位置。它通过线性图标保持界面简洁，并用面性图标突出选中的状态，不仅在视觉上创造了对比，还有效地传达了信息。

（3）系统图标

系统图标的设计往往依赖于现成的素材库，但设计者需要注意挑选与 app 主题和风格一致的图标。为了保持界面的统一性和专业性，设计者通常优先选择线性图标，因为它们具有简洁的线条和较小的视觉负担，易于与各种界面元素协调，同时提供清晰的功能指示，如图 4.28 所示。

小知识

系统图标应选用用户熟悉的样式，同时根据 app 的

图 4.28　系统图标

调性进行细节上的微调，这些细微的调整往往彰显了 app 设计的精致度和专业水平。

（4）装饰图标

装饰图标在界面设计中扮演着至关重要的角色，它们虽然不直接参与功能操作，但通过独特的风格和视觉吸引力，显著提升了界面的美感和用户体验，如图 4.29 所示。这些图标不仅增强了品牌识别度，还通过建立情感链接，使用户与产品的联系更加紧密。装饰图标的使用，反映了对目标用户群体偏好的深刻理解，它们能够吸引并留住用户，同时在视觉上辅助信息的组织和导航，提高整体界面的可读性。

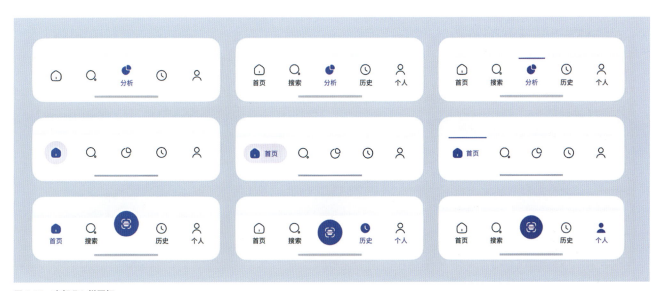

图 4.27　底部 Tab 栏图标

图 4.29 装饰图标

【AIGC 辅助图标设计】

5. AIGC 辅助图标设计

AIGC 生成图标主要有垫图生成和关键词生成两种方式。垫图生成方式要求设计者将风格统一且高质量的图片素材进行裁切和预处理，确保主元素清晰居中，并为图片添加详细的描述性标签，以便 AI 理解和学习。而关键词生成方式则依赖于设计者精心挑选的关键词组合，围绕内容、风格、质量和视角等方向，形成详细的描述，并加入负向描述以排除不期望的元素，然后设置迭代步数、生成数量和图像尺寸等参数，指导 AI 创作出符合要求的图标。

小知识

使用 AIGC 生成装饰图标，确实能够在优化界面细节的同时大大提高设计效率。AIGC 可以根据设定的主题或风格快速生成高质量的图标，降低手动设计的时间成本，同时确保风格的一致性。

案例

使用 Midjourney 生成 3D 图标，其关键词包括 a gift icon、metallic feel、delicate texture、blue and white、gradient、frosted glass、transparent、trending on polycount、light background、soft lighting、transparent technology sense、industrial design、isometric、super details、3D 等，生成图标效果如图 4.30 所示。

图 4.30 Midjourney 生成的 3D 图标

（二）插图设计

1. 插图概述

用户界面中的插图可以帮助用户更快理解信息、提高互动性、创造动态品牌体验，并加强界面的美感。它们不仅能解释复杂的概念，还能通过动画效果和品牌吉祥物，使用户体验更生动有趣。总体而言，插图在提升界面情感表达、简化用户旅程、强化品牌识别度方面发挥着关键作用。

【插图设计】

插图的类型分为页面状态插图、引导反馈插图、品牌运营插图、功能说明插图等，如图 4.31 所示。页面状态插图通过可视化的方式响应页面状态，如空内容、错误提示、无权限访问或系统维护，它们不仅提供说明，还具有安抚和装饰的功能，根据场景的严重性可以被设计为不同程度的表现力度。引导反馈插图在用户进行操作时提供指导和反馈，如搜索引导、成功或失败提示，以及激励性反馈，增强用户的互动体验。品牌运营插图在 app 中扮演品牌宣传的角色，通过丰富的画面元素和多样的表现手法，加强情感运营和品牌建设，常见于登录页、欢迎页、标语和头像等，有效提高了品牌识别度。功能说明插图则将复杂的功能和原理以简洁、扁平化的视觉形式呈现，便于用户快速理解，适用于介绍新特性或解释操作步骤。

2. 插图的设计风格

【插图的设计风格】

插图的设计风格多样，因此设计者在选择时需要根据品牌的定位和特征来决定，以确保设计能够有效传达品牌的核心价值和吸引目标用户群体。扁平设计强调简洁的形状、明亮的颜色和极简的元素，避免使用渐变、阴影和纹理，以创建干净和直观的界面，保持界面的清晰度，适用于现代界面设计。极简设计以较少的元素和简单的形状传达信息，减少视觉干扰，突出关

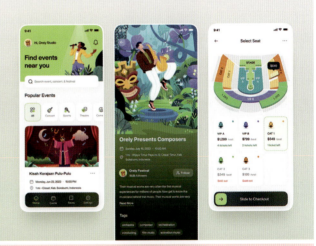

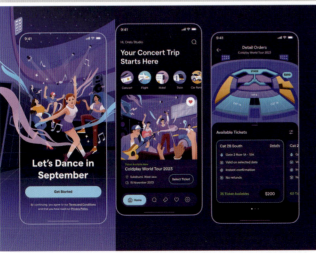

图 4.31　插图的类型

键内容，以提升用户体验，适用于网页设计。等轴设计通过 3D 视角展示 2D 图形，营造深度感和立体效果，适用于游戏和数据可视化。涂鸦设计具有随意、自由的手绘风格，表现个性和创造力，适合儿童类 app 或需要非正式、轻松风格的界面。3D 设计通过立体效果和阴影创造深度感和真实感，通常需要较高水平的渲染技术，适用于需要突出效果和现代感的界面，如高端产品展示和游戏界面。平面 3D 设计结合了平面设计和 3D 设计的元素，创造出简化的立体效果，逐渐在现代界面设计中流行，结合了视觉深度和简洁风格。随着 AI 技术的发展，AIGC 也日益成为插图设计创新的工具，为设计者提供了更广阔的创作空间。这些设计风格不仅丰富了视觉艺术的表现形式，也为品牌和产品的推广提供了多样化的解决方案。

小知识

品牌的市场定位会影响风格选择，例如，面向年轻用户的品牌可能会选择活泼的风格，如涂鸦设计或波普艺术设计，而奢侈品牌则更倾向于极简设计或平面 3D 设计。了解目标用户群体的喜好和需求也是关键，例如，面向儿童的相关品牌可能会选择手绘设计或涂鸦设计来增强趣味性，而面向专业领域的品牌可能会选择线条艺术设计或极简设计来显示专业形象。

3. 插图设计步骤

在设计插图的过程中，设计者首先需要进行品牌研究，深入理解品牌文化、价值观和愿景，确保设计方向与品牌战略符合。其次，设计者需要了解用户需求，与利益相关者沟通，明确插图的使用场景、表达内容、情绪及技术参数要求。再次，设计者需要通过情绪板搜集灵感，分析竞争对手和行业内的优秀作品，为设计提供基调和方向，并绘制草图；在 Adobe Illustrator 或手绘板上构建插图基本结构和细节，确保插图风格统一并符合品牌个性。线稿完善后，设计者需要围绕品牌色彩制订配色方案，使用色彩增强插图的情感表达，同时让色彩与其他视觉元素保持一致。最后，完成设计，设计者需要收集核心用户的反馈，确保设计能够满足目标用户群体的实际需求，而不仅仅满足设计者想象中的需求。通过这一系列步骤，设计者可以构建出与品牌信息一致、具有统一情绪或风格的插图系统。

4. 插图系统的构建

【插图系统】

在构建移动端插图系统时，设计者首先需要确立一套与产品整体配色方案协调的色彩体系，通过调整亮度和饱和度来确保视觉的统一性和美感。其次，设计者需要采用 3 层构成元素的策略，将插图元素分为前景人物、中景道具和背景图，这样的分层不仅有助于保持画面的一致性和规范性，还能优化元素资产的分类和管理。在具体设计时，设计者需要根据插图的内容、类型和应用场景，合理地安排和组合这些构成元素；同时，对插图进行细节优化，包括人偶结构的细致拆解，以确保肢体骨骼的灵活性和一致性，从而让人物形象在不同场景中都能保持生动和协调（如图 4.32 所示）。最后，插图系统需要集成到 app 中，并在发布后持续迭代和更新，以保持其相关性和吸引力。

5. AIGC 辅助插图设计

【AIGC 辅助插图设计】

AIGC 工具的引入彻底改变了设计者的工作模式，尤其是在概念创意和风格筛选方面。设计者现在可以通过 AIGC 工具，从活动内容、品牌调性、宣传目的等关键要素中提取关键词，进而生成具有特定风格和主题的插图。这一过程不仅提高了设计工作的效率，还极大地增强了创意的可能性。设计者评估由 AIGC 生成的插图，挑选出最符合设计意图的方案，或者对多个方案进行融合调整，对选定的插图进行细节上的细化和优化，确保最终设计的品质；随后，将优化后的插图转化为适合生产的形式或适用于数字媒体的技术格式，并通过不断收集反馈和进行迭代，实现设计目标，创造出既独特又符合品牌要求的插图。

四、品牌视觉识别系统的应用

1. 品牌触点

品牌触点涉及用户与品牌互动的每一个瞬间，这些瞬间为传递品牌价值和个性提供了重要机会。品牌触点之所以至关重要，是因为它们在塑造第一印象、建立独特身份、提供卓越体验、培养用户忠诚度、实施有效沟通、获得市场竞争优势，以及收集宝贵反馈方面发挥着核心作用。根据"七大触点"理论，用户通常需要与品牌进行 7 次互动才能作出购买决定，凸显了提供多样化且一致体验的重要性。此外，品牌触点作为有效营销和沟通的工具，帮助应对挑战并清晰传达品牌信息，在

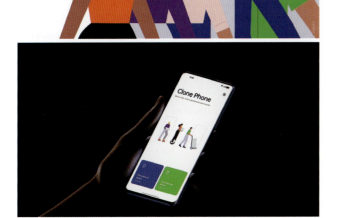

图 4.32 人物插图系统

竞争激烈的市场中凸显品牌独特性；同时，作为反馈渠道，使品牌能够不断调整和改进其产品和策略。

小知识

"七大触点"理论强调，用户通常在至少体验过 7 个不同的品牌触点后，才会对购买感到自信。这个过程涉及对产品和企业的介绍、解决疑虑，以及引导决

策。提供多样化而一致的品牌体验是关键，这有助于构建信任、形成积极印象，最终促使潜在用户转变为购买用户。

品牌触点分为 4 种类型：实体触点，如店面；数字触点，如网站和社交媒体；沟通触点，通过广告和公关活动与用户交流；人为触点，促进用户与品牌员工的直接互动。这些触点贯穿用户的整个旅程（从品牌意识的建立到用户成为忠实粉丝的全过程），在意识、考虑、决策、购买和购买后参与的每个阶段都发挥着至关重要的作用。与品牌资产不同，品牌触点是这些视觉元素在实际体验中的应用。创造有效的品牌触点需要设计者深入了解用户及其需求，评估每个触点的有效性和影响，进行周到的规划，整合品牌资产，从而设计出令人难忘的体验。品牌触点需要不断地通过测量和调整来优化，以确保能够随着市场和用户期望的变化而发展。品牌触点的示例包括预购阶段的网站浏览、社交媒体互动、参与在线问卷，购买阶段的顺畅结账体验、个性化优惠，以及售后阶段的产品开箱体验、感谢邮件和忠诚度计划等，这些都是品牌与用户建立持久联系的关键环节。

案例

小米 SU7 汽车的营销策略是通过精心设计的品牌触点吸引和转化用户。首先，小米通过线上发布会和社交媒体活动快速提高品牌知名度，利用数字营销向用户详细介绍小米 SU7 汽车的特性。其中，雷军的个人魅力在结合线下发布会和线上直播中发挥了关键作用，他详细介绍了产品并吸引了广泛的受众。其次，小米通过线下试驾和优质服务提升用户体验，通过电子商务平台简化购车流程，并通过用户反馈持续改进产品和服务。再次，小米通过建立忠诚度计划和社区鼓励用户分享体验，利用口碑营销吸引新用户。最后，小米通过优质的售后服务提高用户满意度，培养品牌忠诚度，促进用户转化和长期增长。

2. 品牌体验地图

品牌体验地图是一种用于全面描绘用户与品牌在整个互动过程中的触点的可视化工具。这张地图帮助企业识别和优化用户在不同阶段的体验，通过系统地描绘用户与品牌的每一个触点，揭示用户的感受、期望和行

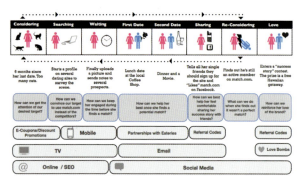

图4.33 品牌体验地图示例

为，从而提升品牌的整体表现，如图4.33所示。这不仅有助于企业识别品牌在不同阶段的表现优劣，还有助于企业发现提升用户体验的机会。品牌体验地图通常涵盖用户从最初的品牌认知到成为忠实用户的整个旅程，帮助品牌确保每一个触点都能提供一致且积极的体验。

品牌体验地图将用户与品牌互动的过程分为品牌认知、考虑、购买、使用体验、售后服务和忠诚度管理等主要阶段，每个阶段都反映了用户的不同心态和需求。用户在这些阶段中的每个触点（如接触广告、浏览网站、与客服沟通等）都会产生情感反应，这些反应会影响他们对品牌的整体感知。品牌体验地图通过记录这种情感波动，帮助品牌识别用户的满意点，揭示用户的痛点，以及发现品牌可以把握的潜在机会，如未被满足的需求或市场差距。此外，品牌体验地图还展示了品牌在各阶段传达的价值观和承诺，确保品牌信息的一致性和清晰度。

创建品牌体验地图的步骤：其一，明确目标，定义地图的创建目的，如提升整体用户体验、解决特定痛点或优化某个阶段的品牌表现；其二，识别用户在整个旅程中的各个阶段和关键触点（通过用户调研或数据分析识别），确保覆盖所有重要的互动点；其三，通过调研、访谈和用户反馈，收集并分析用户在每个触点的情感反应，深入了解他们的需求、期望及挑战；其四，分析这些数据，找出用户在各个触点上的痛点和品牌可以改进的地方，帮助品牌更有针对性地提升体验；其五，将所有信息整合成一张可视化地图，展示用户旅程中的关键时刻、情感波动及品牌表现，从而帮助品牌更好地制定战略，优化用户体验，提升市场竞争力并提高用户满意度。

3. 品牌的消费链条与视觉应用

打造高价值品牌的核心在于构建一条完整的"认知—购买—体验—口碑—数据赋能"消费链条，通过产业级品牌战略和创新营销策划，塑造强烈的品牌认知，激发用户的购买欲望。认知场通过畅销单品和强竞争优势点亮品牌，创造价值并实现价值迭代；购买场利用全渠道触点和数字化技术，推动用户高效成交，同时通过会员标签智能推荐优质商品，提高客单价；体验场鼓励用户享受新的购买场景，如智能门店和生活体验馆，增强品牌仪式感和专属性；口碑场致力于塑造用户满意度，激发口碑传播，而数据场则通过数据赋能，让品牌更精准地满足用户需求。最终，高价值品牌经营以用户为中心，以创新为驱动，以数据为支撑，实现品牌与用户之间的无缝连接和互动，推动品牌的可持续发展。

品牌的视觉应用通过一系列策略确保品牌在各个触点上保持一致性和辨识度。这包括将品牌的视觉元素巧妙地应用于名片、信纸、包装和广告等，以强化品牌形象。用户界面设计专注于为网站和app等数字产品创建既易于使用又与品牌风格一致的界面，以提升用户体验。环境图形将品牌的视觉形象延伸到物理空间，如零售店铺和展览会，以提升品牌的现实世界体验。品牌动画利用动态视觉效果为广告和社交媒体内容注入活力，提高信息的吸引力和记忆度。品牌声音通过开发独特的声音或音乐标识，为品牌建立听觉识别，与用户建立情感联系。品牌故事视觉化则通过视觉设计讲述品牌故事，传达品牌文化和价值观，与用户建立深层次的情感共鸣。

案例

天猫"双11"的品牌应用延展设计巧妙地构建了全方位的品牌触点，从线上的社交媒体互动、用户界面主题优化，到线下的零售店铺环境图形、展览会装置艺术，再到定制礼盒包装和品牌视频动画，天猫"双11"成功地将购物节转化为一场全球性的文化盛事。此外，品牌声音的融入、跨媒体的传播策略，以及线上线下的整合营销，让用户在每一个触点上都感受到了节日的氛围和品牌的温度。这种多维度的品牌触点设计不仅提高了用户的参与度，也加深了他们对天猫"双11"的认知和情感联系，如图4.34所示。

图 4.34　天猫"双 11"品牌触点设计

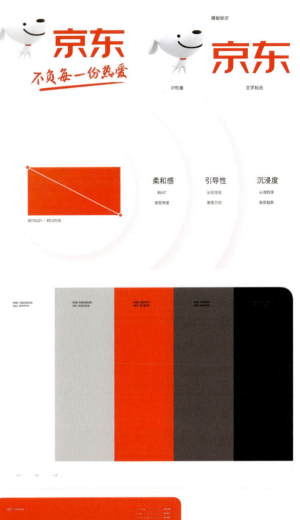

图 4.35　京东品牌视觉识别系统的部分元素

第四节　品牌视觉规范手册

1. 品牌视觉规范手册概述

品牌视觉规范手册也被称为"视觉识别系统手册"，它详细记录了品牌的视觉元素和设计标准。这本手册通常包括品牌 LOGO 设计、品牌色彩应用、字体系统构建、网格设计及图标与插图设计。首先，品牌视觉规范手册作为品牌设计的蓝图，指导设计者和营销团队正确使用品牌元素，从而维护品牌形象的统一性和连贯性。其次，它帮助建立品牌的视觉资产，确保品牌信息在不同市场和文化环境中的准确传达。最后，它有助于品牌管理和知识产权（Intellectual Property，IP）保护，防止品牌形象的滥用或误用。图 4.35 是京东品牌视觉识别系统的部分元素。

2. 品牌视觉规范手册的内容

一本完整的品牌视觉规范手册通常包含几个部分：品牌 LOGO 设计的详细说明，包括其设计比例、最小清晰度尺寸和不同背景下的使用规范；品牌色彩应用的色值和配色方案，以及如何在不同媒介中复现这些颜色；字体系统构建，包括字体的选择和使用规范，确保文本内容的一致性；网格设计，指导元素排列；图标与插图设计，包括可接受的修改范围等。此外，品牌视觉规范手册还可能包含品牌语言和声音的使用指南，以及品牌在数字媒体和社交媒体上的应用规范。

单元训练和作业

1. 课题内容

品牌视觉规范手册

2. 课题时间

12 课时

3. 教学方式

线上线下混合学习，学生进行线上课程预习，教师进行线下案例教学和一对一课程辅导并让学生进行小组讨论，完成品牌视觉规范手册。

4. 要点提示

（1）品牌视觉规范手册包括品牌概述、品牌 LOGO 设计、品牌色彩应用、字体系统构建、网格设计、图标与插图设计等内容。

（2）在品牌概述部分，学生应编写品牌的历史背景、核心价值观、使命和愿景，确保品牌形象的清晰呈现。

（3）在品牌 LOGO 设计训练中，学生将创建 LOGO 的使用规范，包括设计规范、尺寸要求、颜色变体和禁用示例。

（4）品牌色彩应用训练旨在帮助学生制订品牌色彩方案，包括主色、辅助色、色彩代码和应用指南。

（5）在字体系统构建训练中，学生将构建品牌字体系统，包括字体名称、使用规则、样式和字号规范。

（6）网格设计训练帮助学生设计网格系统，包括布局规范、网格线间距、边距和对齐要求。

（7）在图标设计训练中，学生将创建品牌图标，明确设计原则、样式规范和应用指南。学生需要确保图标在不同尺寸下的清晰度，使用一致的设计风格，并参考品牌的整体视觉风格进行设计。

（8）插图设计训练旨在帮助学生创建品牌插图，包括风格确定、设计过程和应用示例。学生需要在不同的设计材料中应用插图，参考品牌的视觉风格和设计规范，增强插图的品牌表现力。

第五章
用户界面设计

教学要求

通过本章学习，学生应当能够熟练地将品牌视觉元素应用于界面设计，熟练地使用即时设计、Adobe XD、Sketch 或 Figma 等界面设计工具及 AIGC 工具进行界面设计，并能够进行必要的动效设计。

教学目标

让学生掌握将品牌视觉元素应用于界面设计的方法，熟练使用界面设计工具及 AIGC 工具，并能够进行动效设计，提升用户体验。

教学框架

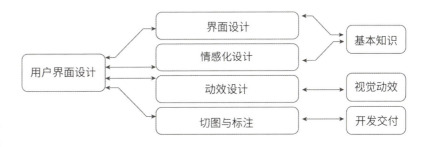

用户界面设计是数字产品开发中的关键环节，旨在通过视觉元素和互动方式，创造出既美观又具有功能性的用户体验。它不仅涉及布局、色彩、字体和图像的选择，还包括引导用户完成特定任务和操作。优秀的用户界面设计能够传达产品的核心价值，强化品牌形象，同时确保用户在使用过程中获取流畅的体验。

第一节　界面设计

一、UI 元素与 UI 组件

1. UI 元素

UI 元素是构成用户界面的基础模块，根据其主要功能被分为三大类：导航类元素、交互类元素和信息展示类元素（如表 5-1 和图 5-1 所示）。导航类元素（如菜单、

表 5-1　UI 元素类型

名称	描述	分类
菜单	展示可点击的选项或链接，帮助用户访问不同的页面或功能	导航类元素
图标	允许用户在同一界面内切换不同的内容区块，增强内容的组织性	导航类元素
面包屑	显示用户当前位置及其在层级结构中的路径，帮助用户了解当前导航位置并返回上一级	导航类元素
侧边栏	通常位于界面侧边，展示导航链接、工具或附加功能，便于用户访问	导航类元素
按钮	用于执行操作，如提交表单、执行命令或触发某个功能，通常带有文字或图标	交互类元素
文本框	允许用户输入和编辑文本数据，用于填写表单或搜索信息	交互类元素
复选框	让用户选择一个或多个选项，适用于多项选择场景	交互类元素
单选按钮	用于从多个选项中选择一个，常用于需要单一选择的情况	交互类元素
下拉菜单	提供一个可展开的列表，让用户从中选择一个选项，节省界面空间	交互类元素
滑块	允许用户在一个范围内选择一个值，适合调节设置，如调节音量或亮度	交互类元素
进度条	显示任务的完成程度或进度，帮助用户了解操作进展	交互类元素
标签	用于描述和标识其他 UI 元素，提供额外的信息	交互类元素
提示框	在鼠标悬停时显示的简短信息，用于提供额外的解释或帮助	交互类元素
图表	以可视化的方式展示数据，如柱状图、饼图和折线图，便于数据分析	信息展示类元素
表格	以行和列的形式组织和展示数据，适合进行大量信息的展示	信息展示类元素
卡片	将相关的信息块组织在一起，通常包含图片、标题和简短描述，增强信息的可视性	信息展示类元素
图片	展示静态图像，用于增强视觉效果或传达信息	信息展示类元素
视频	播放动态视频内容，适合展示教程、广告或演示	信息展示类元素
音频	播放声音或音乐，为用户提供听觉体验	信息展示类元素
警告	显示重要消息或警告，通常需要用户注意或确认操作	信息展示类元素
通知	提供关于应用状态或事件的提示，通常以弹窗或角标形式出现，提醒用户注意重要信息	信息展示类元素

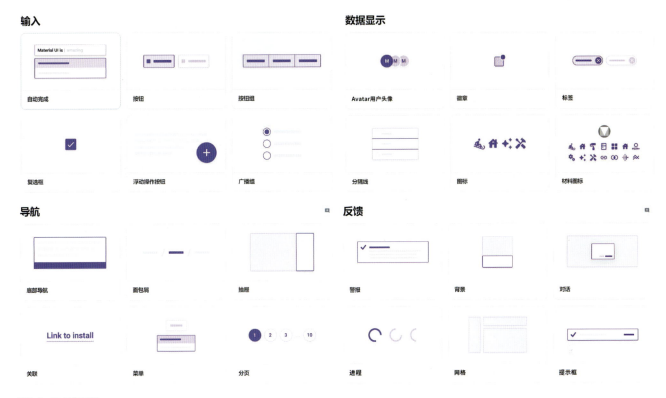

图 5.1　UI 元素示例

图标、面包屑和侧边栏）帮助用户在界面中进行定位和切换内容。交互类元素（如按钮、文本框、复选框、单选按钮、下拉菜单、滑块、进度条、标签和提示框）允许用户进行各种操作，提供直接的用户交互体验。信息展示类元素（如图表、表格、卡片、图片、视频、音频、警告和通知）用于展示和传达信息，帮助用户获取数据和了解系统状态。

2. UI 组件

UI 组件是用于快速设计的标准化容器，通常分为信息、导航和输入三大类（如表 5-2 所示）。每个组件可以包含一个或多个 UI 元素。如导航栏组件，它利用多个元素以用户友好的方式展示 app 的结构和核心页面，如图 5.2 所示。

【UI 组件】

表 5-2　UI 组件的类型

UI 组件的类型	描述	使用的 UI 元素
信息	信息 UI 组件用于与用户共享信息，包括内容卡片和视频组件	文本框、按钮、图片 / 视频等
导航	导航 UI 组件可帮助用户在设计中移动，包括头部导航栏和 CTA（Call To Action 的缩写，即界面上引导用户执行特定操作的元素）	按钮、图标、文本框等
输入	输入 UI 组件允许用户直接将信息输入到设计中，包括用户输入组件，如入门组件或结账组件	下拉菜单、滑块、复选框、单选按钮等

3. UI 组件库

UI 组件库是预设计和构建的用户界面元素集合，用于创建具有统一外观的数字产品。它包括一系列一致的 UI 元素，如按钮、菜单和图标，确保所有团队成员使用相同的资源，从而保持产品的专业性和精致外观。UI 组件库减少了产品之间的差异，并降低了代码重复的风

险，通常通过 CSS 和 JavaScript 实现。以 React 为例，它起初是作为一个 UI 组件库被开发的，现已发展成一个创建 app 和静态站点的大型生态系统。UI 组件库的优点包括增强可访问性，改善跨团队协作，减少代码重复，

【UI 组件库】

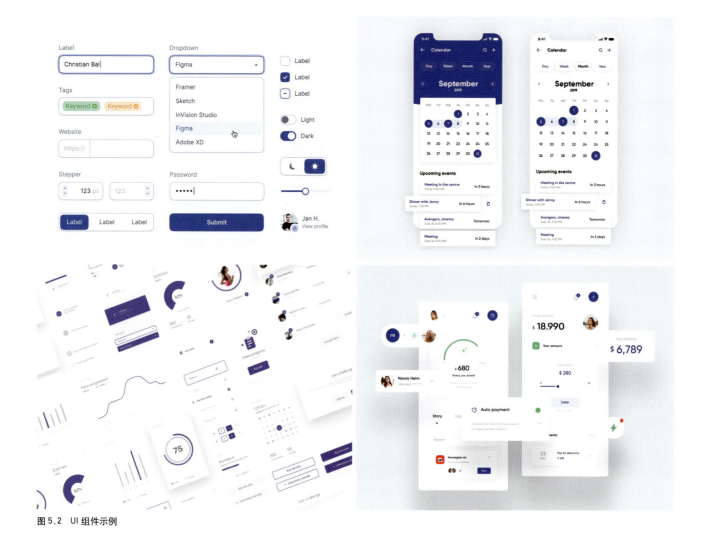

图 5.2　UI 组件示例

确保界面的一致性，加快开发速度，并增强跨浏览器和跨设备的兼容性。

小知识

　　UI 元素是界面的基本单元，它们构成了界面。UI 组件由一个或多个 UI 元素组合而成，具备更复杂的功能和样式，如用户信息卡片或轮播图，这些 UI 组件可以在不同的页面或 app 中被重复使用。UI 组件库是多个 UI 组件和 UI 元素的集合，并提供了设计规范和代码实现功能，它帮助确保设计的一致性并提高开发效率。

二、界面类型

　　在 app 设计中，界面类型包括闪屏页、引导页、注册登录页、浮层引导页、空白页、首页、个人中心页、列表页、播放页、详情页和可输入页面等。闪屏页展示 LOGO 等品牌信息，常含动效或广告；引导页介绍功能和使用方法；浮层引导页弹出提示，帮助用户理解功能；空白页提供内容加载失败时的反馈，有时附有插图或提示；首页为主要操作界面，含导航栏、搜索功能和主要内容；个人中心页展示用户信息和设置；列表页显示条目，如商品或文章；播放页用于播放视频或音频；详情页提供详细信息；可输入页面用于数据输入或交互。每种界面都需要根据功能和用户需求设计，以确保提供流畅且吸引人的用户体验。

1. 闪屏页

　　闪屏页也被称为"启动页"，是用户打开 app 时首先看到的页面，通常展示时间很短（1～5 秒），用来缓解用户等待 app 启动的焦虑。闪屏页可以是品牌推广型，展示品牌 LOGO、广告语或结合节日元素；也可以是活动广告推广型，提供"跳过"选项。为了提升用户体验，缩减用户等待时间，主流 app 普遍采用简洁而直接的方式进行闪屏页设计，通常展示品牌 LOGO 和广告语，以快速传达品牌信息并减少用户等待的焦虑。一般而言，这些闪屏页的展示时间被控制在 0～2 秒，符合"2-5-8"原则中用户对快速响应的期待，从而在用户心中建立起积极的第一印象。

小知识

启动时间对用户的初步体验至关重要。根据"2-5-8"原则，app 在 0～2 秒响应用户会被认为非常迅速；在 2～5 秒，用户会觉得响应速度一般但尚可接受；响应时间在 5～8 秒时，用户会感觉系统变慢；超过 8 秒，用户可能认为系统失去响应，从而对 app 失去耐心。因此，优化启动时间，确保快速响应，是提升用户体验和提高留存率的关键。

闪屏页设计可以通过多种方法提升用户体验，第一，通过展示品牌 LOGO、品牌色彩、广告语和标志性视觉元素来强化品牌识别；第二，利用动效或过渡动效吸引用户注意，掩盖加载过程。引导信息、加载状态提示及短暂的品牌故事可以有效地提升用户对 app 的期待和理解。背景音乐或音效可以增强闪屏页的氛围，而吸引人的插图或动效则能隐藏加载过程并增加视觉趣味。

案例

淘宝、钉钉、美团、新浪新闻、央视影音等 app 采用 LOGO 结合广告语的设计（如图 5.3 所示），这种设计不仅加深了用户对品牌的认知，也使闪屏页在视觉上更加协调和吸引人。

抖音、支付宝等 app 则采用更为简洁的纯 LOGO 设计，这种设计突出了品牌的标志性元素，使用户能够迅速识别并产生品牌联想。

天猫和菜鸟等 app 采用 IP 形象与 LOGO 结合的设计，这种设计不仅展示了品牌形象，还通过 IP 形象的亲和力和独特性吸引用户，增强了品牌的吸引力和记忆度。

天猫、美团、京东、平安好车主、核桃学园等 app 则采用 IP 形象、LOGO 与广告语结合的设计（如图 5.4 所示）。这种设计不仅突出了品牌的视觉元素，还通过广告语强化了品牌理念和价值主张，使闪屏页在视觉和情感上都给用户留下深刻的印象。通过这种设计，闪屏页不再是一个简单的过渡界面，而变成了一个强有力的品牌传播工具。

图 5.3　LOGO 与广告语结合的闪屏页示例

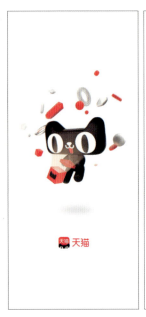

图 5.4 IP 形象、LOGO 与广告语结合的闪屏页示例

2. 引导页

引导页作为用户与 app 初次接触的桥梁，扮演着至关重要的角色。它不仅负责向用户展示 app 的基本使用方式、核心功能和独特卖点，还负责在短时间内吸引用户的注意，激发他们的兴趣。在设计引导页时，考虑用户有限的注意力和记忆力，设计者必须精心设定信息展示的优先级，确保最关键的信息能够首先被用户接收和理解。

以下是 app 设计中用于帮助用户熟悉产品和新功能的 3 种引导类型。

（1）幻灯片式引导。这种类型通常用于用户首次打开 app、大版本更新或主推活动广告页，通过文字和插画结合的方式介绍 app 或演示交互，但用户通常更倾向于快速进入 app 而不是细看引导内容，如图 5.5 所示。幻灯片式引导分为模态类和非模态类，前者需要用户进行操作后才会消失。

（2）浮层式引导。这种类型包括遮罩层和标签式引导两种形式，遮罩层通过图片或文字提示，利用箭头指向性向用户展示界面内容及操作方式；标签式引导则通过箭头和圆角矩形的组合，悬于页面上方，指向需要提示的位置。浮层式引导一般为模态类，需要用户进行操作后才会消失。

（3）嵌入式引导。这种类型将引导内容直接嵌入界面，如嵌入状态栏、导航栏或主体信息流，让引导成为产品的一部分。常见的嵌入式引导有信息提示条、空状态和预置内容，信息提示条和空状态常用于异常状态提示，引导用户接下来的操作。

小知识

随着界面设计的发展，许多 app 放弃了传统的引导页，转而采用更直观的引导方式，如浮层式引导、智能提示、交互式教程、微交互、逐步引导和个性化推荐，以提供更优质的用户体验。

3. 注册登录页

注册登录页在界面设计中扮演着至关重要的角色，它不仅帮助企业将访客转化为用户，通过收集用户数据来推动产品的持续迭代和优化，还为个人用户提供了个性化的服务和便利。设计者在设计时需要考虑账号格式的灵活性、验证码的易用性与安全性、密码设置的明确性，以及整个界面的用户友好度。视觉元素应与品牌形象保持一致，同时确保在不同设备上均有良好的响应式表现。此外，明确的反馈机制和辅助功能，如"第三方授权登录"可以进一步提升用户体验，如图 5.6 所示。

图 5.5　引导页示例

图 5.6　注册登录页示例

小知识

即时通信类 app 通常要求用户先登录，以保障通信安全和私密性；而资讯类和购物类 app 则允许用户先浏览内容，等需要个性化操作（如购买）时再登录，这样既方便了用户，也优化了体验。

4. 首页

首页作为用户接触产品的第一界面，其设计和运营策略对企业至关重要。首页产品关键指标的制定需要围绕用户体验和业务目标，而关键指标涵盖人均访问量、点击价值、停留时长等，以量化首页效率。在设计思路上，设计者要深入理解用户的需求和行为，通过用户研究和竞品分析，优化布局、内容展示和导航结构，以促进流量分发和用户引导。首页改版一般涉及从竞品分析到用户痛点调研，再到业务需求收集和用户体验设计分析的全面流程，强调数据驱动和以用户为中心的设计方法。app 的首页设计对建立用户的第一印象和提供直观导航至关重要。由于市场上 app 的首页设计的同质化趋势，设计者面临着如何使产品脱颖而出的挑战。为了适应不同的产品特性和用户需求，首页设计分为 4 种主要类型。

（1）列表型首页。这种类型通过在页面上展示相同层级的分类模块，形成清晰的列表，使用户能够方便地点击和通过上下滑动查看更多内容，如图 5.7 所示。

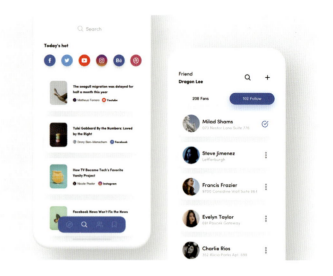

图 5.7 列表型首页示例

（2）图标型首页。当 app 的主要功能的分类有限时，这种类型能够以图形化方式直观展示主要功能。设计者最好在第一屏就完整展示所有图标，简化用户的操作流程，如图 5.8 所示。

（3）卡片型首页。在信息较为复杂的情况下，如包含操作按钮、头像和文字等元素，这种类型能够将这些元素有效整合，提高页面的点击率，同时使用户一目了然，如图 5.9 所示。

（4）综合型首页。这种类型特别适用于功能丰富的电商类 app，它可能同时包含图标和卡片形式的模块。设计者在设计时要注意保持模块间的视觉区分，同时不过分突出分割线和背景色，以保持页面的整体和谐感，如图 5.10 所示。

小知识

在设计 app 界面时，设计者应认识到国内外 app 在使用习惯和设计理念上的差异。国外 app 往往功能较为集中，界面设计简洁，版面率较低，而国内 app 则倾向于集成多样化的功能，版面率较高。然而，无论哪种情况，界面设计的核心目标都应该是促进用户高效完成任务，提供流畅的交互体验，并确保用户在使用过程中获得满足感。

5. 个人中心页

个人中心页是用户体系产品中的核心组件，专为提高用户操作效率而设计。它不仅汇总了用户的关键数

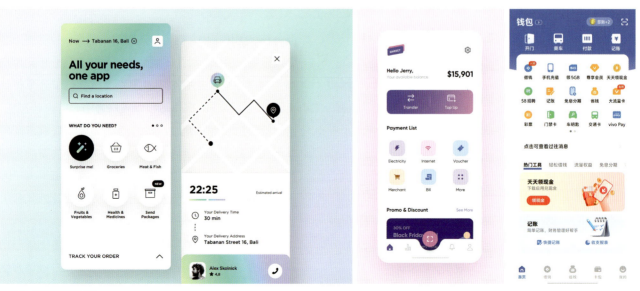

图 5.8 图标型首页示例

图 5.9 卡片型首页示例

图 5.10 综合型首页示例

据、功能入口和全局性操作，而且仅对用户本人可见，与更侧重展示用户形象和个性的个人主页形成对比。在设计个人中心页时，设计者必须细致规划信息架构以适应产品复杂性，信息架构通常包括用户基础信息、全局性操作、关键数据记录、购买激励、核心业务和工具集合等要素。个人中心页要与产品特性和风格契合，提供固定或自定义选项，以适应不同 app 的需求，如社交类 app 可能鼓励用户上传个性化背景图片，而其他类型 app 则可能更倾向于传递稳定性和秩序感。用户基础信息，包括头像、昵称和身份属性，一般位于页面顶部，并根据用户浏览习惯采取不同的布局方式，头像居左是最常见的布局。全局性操作，如设置、信息和扫一扫等功能，可以被灵活地布局在导航栏、用户基础信息模块内或下方的列表中。关键数据记录则是为了使关键信息更加突出，设计者在设计时要梳理信息优先级，并运用色块、位置、利益点和样式等视觉手段进行强化，确保用户能够迅速识别和访问他们最关心的信息，如图 5.11 所示。

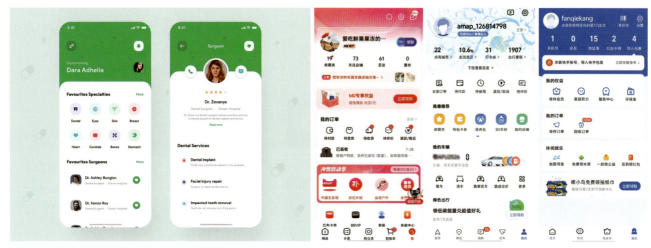

图 5.11　个人中心页示例

小知识

设计个人中心页时，设计者可以多使用品牌色彩强化头图以提升视觉识别，并放大用户数据以快速吸引注意。对于功能复杂的 app，设计者可以图标化展示核心功能以提高导航效率；对于功能简单的 app，设计者则应更注重个性化设置。

6. 详情页

优秀的详情页是在线销售成功的核心，它需要融合多种要素以全面而精确地传达产品特性，满足用户需求，并与竞品区分开。这样的页面设计必须具备实用性、功能性、差异性、权威性、美学性、情感性和品牌性，通过精选图片、恰当配色、精准文案和合理排版来激发用户的兴趣，并利用专业报告和数据支撑来增强用户信任。愉悦的视觉体验和情感链接可以提升产品吸引力，而品牌理念的融合则是维系产品与用户的情感纽带，如图 5.12 所示。

有效促进用户购买的详情页，要提供全面而精确的产品信息，使用高质量的图片和视频真实地反映产品细节，快速解答用户疑问。页面设计的一致性可以帮助用户在比较不同产品时获得一致的信息展示，而经过验证的用户评价则可以增强购买信心。产品规格的明确描述、产品类别间详细信息的一致性、页面视觉效果的一致性，以及对竞品页面的分析，都是确保提供用户期待的信息的关键要素。

此外，详情页应提供相关产品推荐，引导用户发现更多选择，同时展示买家评价，为潜在用户提供额外参考。在设计时，设计者需要确保描述内容完整但不冗

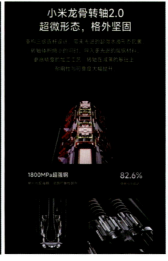

图 5.12　小米手机详情页

长，解释所有专业术语，并从多角度使用细节图片或视频来定义用户对产品的期望。详情页还应提供库存信息以确保用户能购买到产品，以及在用户添加产品到购物车后给予清晰的反馈，如通过过渡页面确认产品已添加，并提供"继续购物"或"结账"的选项，这些都是优化用户体验、提高购买转化率的重要措施。

三、用户运营设计

1. 用户运营设计概述

用户运营设计在现代商业中发挥着核心作用，它综合运用设计思维、产品理念和专业技能，以视觉设计为主要沟通手段，来吸引用户、提升体验、推动销售，进而增加流量、增强品牌曝光、塑造积极的品牌形象。考虑到运营活动的周期性及其紧迫的时间线，设计者必须迅速而精准地作出响应，创作出既符合营销策略又贴近用户需求的设计作品。

用户运营设计通过提供全面的解决方案，强化用户体验，支持营销目标，并通过视觉吸引和交互设计引导用户进行期望的操作，如点击、购买或分享。它还通过统一的视觉元素和清晰的设计语言，加强品牌形象，深化用户对品牌的记忆和认知。此外，用户运营设计通过提高转化率和增强用户黏性，直接促进业务增长和收入提高。

在实际操作中，用户运营设计项目根据重要性和规模被划分为不同的层级，包括 S 级的大促销活动、A 级的节日和平台主题活动、B 级的日常品类和渠道活动，以及其他推广活动。每个层级都要求设计者根据不同的活动目标和用户群体，灵活调整设计策略，确保设计既能满足商业目标又能高效实施。

用户运营设计的核心在于用户中心理念，它结合数据驱动和故事化内容体验，吸引和维系用户兴趣，通过多渠道整合和社交化链接，鼓励用户分享和参与，形成口碑传播。同时，用户运营设计者会抓住节日、促销和品牌事件等时机，策划有针对性的营销活动，提供个性化体验，如用户数据盘点 H5，以增强用户的情感共鸣和分享意愿；此外，设计有趣的强互动玩法，如游戏化机制，进一步提高用户的参与度并增强品牌传播效果，确保设计作品既具有吸引力又能高效实现商业目标。

2. 用户运营设计的流程

用户运营设计的流程是一个综合和迭代的过程，它

始于对用户运营设计概念的深刻理解，包括以用户为中心的策略制定和效果验证。首先，设计者需要分析运营需求，与团队成员沟通，明确活动目标和用户特性，然后根据这些信息快速定位合适的设计风格。用户定位是关键，它帮助设计者理解目标用户群体的需求和偏好。其次，设计者需要规划交互流程，提炼活动关键词，并确定视觉元素，如色彩、图形和布局，以营造场景化的氛围并增强用户的沉浸感。再次，在设计实施阶段，设计者需要创建活动的视觉组成部分，包括页面布局、图标和插图，同时确保物料设计的延展性和风格的统一性；其中，跨团队的高效沟通确保了设计方向与运营需求的一致性。最后，设计者需要总结经验、收集用户反馈，并对设计进行优化和迭代，以适应市场和用户需求的变化，实现提高运营活动质量和促进用户转化的目标。

案例

支付宝集五福活动巧妙地融合了春节传统与现代技术，利用 AR 扫描增强用户互动，与春晚合作提高活动曝光度。其精心设计的视觉效果和音效，加上稳定的技术支撑，确保了用户体验。社交分享和奖金激励机制推动了用户参与和品牌传播，使集五福成为一个文化共鸣与技术创新结合的成功营销案例，如图 5.13 所示。

图 5.13　支付宝集五福运营界面设计

小知识

在运营界面设计中，结合节日主题为 IP 形象设计特定服装或配饰，不仅增强了节日氛围，吸引了用户参与，还通过故事化场景增强了用户的品牌记忆和情感联系。

3. 运营界面设计的特点

运营界面设计通过视觉冲击力强的 3D 图形和图标，以及个性化的 IP 形象，结合特定节日或活动场景，与常规界面设计形成鲜明对比，可以提供与众不同的视觉体验。这种设计不仅在视觉上提供了强烈的吸引力，而且在情感上与用户建立联系，通过富有创意的节日主题服装和道具，增强节日氛围，同时通过故事化的场景设计，提高了用户的参与度并增强了用户对活动的记忆。运营界面设计还注重文化相关性和视觉一致性，确保在不同平台上保持品牌认知的统一性。通过不断创新和更新 IP 形象，加入互动元素，提高用户参与度和满意度，并将这些设计元素扩展到品牌周边商品，运营界面设计不仅加深了用户对品牌的印象，而且作为品牌宣传的有效手段，实现了品牌沟通和营销的双重效果，为用户带来独特而丰富的体验。

4. AIGC 辅助运营界面设计

AIGC 工具为设计者提供了一系列高效的解决方案，特别是在前期的需求分析和情绪板制作阶段，AIGC 工具的介入能够显著提高效率。例如，ChatGPT 能够进行需求拆解和关键词提取，Midjourney

【AIGC 辅助界面设计的工具介绍】

则能够低成本、高效率地探索多样化的设计风格。在需求设计阶段，传统手绘或素材网站的搜索不仅耗时，还可能面临风格不一致和版权问题。而 AIGC 工具，如 Midjourney 和 Stable Diffusion，能够辅助设计者快速搭建场景，尽管设计者仍需要在 Adobe Photoshop 中对最终设计图进行调色和排版，但 AIGC 工具在提高设计工作流效能方面的作用不容忽视。针对 AIGC 工具在特定项目需求下可能的随机性和落地难题，通过实战案例的沉淀和经验总结，设计者可以形成一系列提高 AIGC 工具效能的策略。这些策略旨在帮助设计者更好地利用 AIGC 工具，确保设计项目的高效执行和优质输出。

首先，设计者可以分别生成主元素、装饰素材和背景，利用 Midjourney 创建具有磨砂玻璃质感的地球图标等元素，并通过替换关键词，保持设计风格的统一性。其次，设计者通过创建提示词模板，提炼风格、颜色、背景、材质等关键词，可以灵活控制生成图像的视觉效果；此外，使用如 Remove.bg 这样的在线 AI 工具，可以一键去除图片背景，节省手动抠图的时间，进一步提高工作效率。最后，设计者生成装饰和背景图，在 Adobe Photoshop 中进行最终合成与排版，调整色彩、融合图层，并添加光影效果以增强视觉效果。

第二节 情感化设计

一、情感化设计概述

情感化设计是一种以用户情感体验为核心的设计方法，由唐纳德·A. 诺曼在《设计心理学》中提出并强调，旨在超越基本功能需求，通过触动用户来增强用户认同感并提高用户忠诚度。它通过产品的功能和整体气质，唤起用户的情绪，建立产品在用户心中的独特地位。情感化设计可以分为 3 个层次：本能层、行为层和反思层。在本能层，情感化设计通过感官体验，如视觉、听觉和触觉，激发用户的直观反应；在行为层，情感化设计重点关注实用性和易用性，确保用户在使用过程中获得积极的响应和满足感；在反思层，情感化设计则深入挖掘用户的个人经历和文化背景，引发用户深层次的思考和情感共鸣。

具体策略包括通过温馨的提示和故事化的陪伴来增强亲和力；融入创意元素和动态效果来增强趣味性；提供个性化定制和智能推荐以体现人性化；通过创新布局和主题化视觉元素来强化空间感和视觉感。这些策略共同作用，创造出既实用又触动人心的用户体验，使产品不仅是工具，而且是用户情感表达和个性展现的媒介。

二、IP 形象设计

1. IP 概述

IP 是对创意和创新成果的法律保护，包括版权、专利、商标和商业秘密。版权保护文学、艺术、音乐等创作作品的原创性和表达形式；专利保护发明和技术创新，赋予发明者一定期限的排他权利；商标保护品牌

LOGO 和商业名称，用于区分商品或服务的来源；商业秘密保护企业的机密信息，如配方和策略，这些信息对企业具有经济价值且不为公众所知。IP 旨在激励创新和创作，确保创作者和发明者能够控制其成果并从中获益。

IP 设计是指在设计过程中运用 IP 元素，如品牌 LOGO、吉祥物或角色，以创造和优化品牌形象、产品体验和市场影响力。它不仅包括视觉元素的设计，还涉及通过这些元素传达品牌故事、价值观和文化，从而提高品牌的市场认知度并增强用户的情感联系。IP 设计旨在通过独特的视觉形象和创造性设计优化用户体验，增强品牌的吸引力和互动性，并通过有效的市场推广提高品牌知名度。此外，IP 设计还关注如何保护和管理这些设计元素，以维护品牌的独特性。

小知识

在国外，IP 一般指知识产权；而在国内，吉祥物设计常被称为"IP 设计"或"IP 形象设计"，因为吉祥物不仅是视觉形象，还承载品牌的核心价值和个性。吉祥物的独特外观和背后故事使其成为品牌的重要象征，具有原创性和专属性。

2. IP 形象设计

（1）IP 形象设计概述

IP 形象设计是指对品牌或活动的知识产权元素进行创意设计，以提升其视觉表现力和市场影响力。这包括角色设计、品牌 LOGO 和图标设计、视觉风格确定及故事讲述。IP 形象设计通过创造具有独特个性和背景故事的角色，设计独特的品牌 LOGO 和图标，并在各种应用场景中保持一致的视觉风格，旨在增强品牌的识别度和记忆点；此外，通过将 IP 形象融入产品界面和营销材料，提升用户的互动体验，进一步加深用户的情感联系和品牌认同。

案例

阿里巴巴动物园是由阿里巴巴旗下不同业务的 IP 形象共同构成的。这些 IP 形象通过个性化的人设和故事背景，构建了一个丰富多彩的家族体系，传递着品牌信息，如图 5.14 所示。设计这些 IP 形象时，设计者考虑了它们在视觉上的统一性，确保每个角色都能被识别为阿里巴巴动物园的一部分，同时融入多元的文化元素，反映了阿里巴巴的全球视野。可见，角色设计应具备高度的互动性和延展性，能够被应用于不同媒介和产品，并能够引发用户的情感共鸣。

图 5.14　阿里巴巴旗下不同业务的 IP 形象设计

小知识

在 app 中，IP 形象一般是拟人化的动物形象，因为动物形象具有一定的亲和力和辨识度，同时与 app 名称或业务特性有谐音或象征意义联系。例如，天猫的 IP 形象是猫，飞猪旅行的 IP 形象是猪，闲鱼的 IP 形象是鱼，盒马鲜生的 IP 形象是河马等。

（2）IP 形象设计的内容与步骤

IP 形象设计是一个全面且细致的创作过程，涉及平面图、三视图、表情包、3D 模型和品牌延展设计等方面。设计者需要根据不同的场景和主题为 IP 形象搭配合适的服装和配饰，确保 IP 形象在各种环境中都能和谐融入。在设计中，细节的精心打磨使 IP 形象在动态展示中同样生动有趣。通过收集用户的反馈，设计者可以不断调整和优化，创造出独特且适应多场景的 IP 形象，以有效增强品牌影响力并提高用户忠诚度。

在设计互联网产品 IP 形象时，设计者需要进行深入的需求分析，以明确 IP 形象作为产品文化核心载体的地位，面向最终用户，旨在创造有吸引力的用户体验并增强品牌认同感。接着，设计者需要通过内部调研和竞品分析，收集用户反馈，了解市场现状。在角色设定阶段，设计者需要选择能够引发用户情感共鸣的角色，借鉴成功案例，确定流行趋势，关注头身比和 IP 形象故事，以增强角色的亲和力和故事性。在创意执行阶段，设计者需要从造型、表情、服饰、质感等方面进行多元化草图探索，进行创意发散和筛选，然后对筛选出的方案进行细节打磨，确保其符合品牌设计基因，并小范围测试收集到的用户反馈，为正式提案做好准备。在项目提案阶段，设计者需要向决策层展示设计方案，获得认可后，进行设计细化与延展，并注意商标注册与著作权申请，保护 IP。最后，随着产品活动的不断发展，设计者需要持续优化并应用 IP 形象，确保其与产品文化和市场需求保持一致，通过这一系列有序的步骤，打造出具有影响力和持久性的互联网产品 IP 形象。

小知识

IP 设计常见的问题是混淆卡通画与 IP 形象设计。两者的主要区别在于卡通画没有直线，而 IP 形象设计需要直线，类似图标设计，通常使用几何形状进行变换。在设计 IP 形象时，1.5～2 个头的头身比显得更可爱和亲切；而 3～5 个头的头身比则能表现个性、另类或冷酷的感觉，如图 5.15 所示。

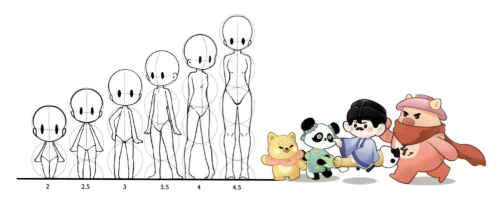

图 5.15 不同头身比的 IP 形象设计示例

（3）IP形象的应用

IP形象可以融入品牌与产品的各个方面，如闪屏页、个人中心页、促销活动、品牌故事和社交媒体，不仅提高了品牌的识别度和统一性，还增强了亲切感，加深了用户与品牌的联系。IP形象的加入可以使运营界面在视觉上更具吸引力，使品牌故事更生动，使社交媒体上的帖子更具趣味性和互动性。同时，IP形象在产品包装和衍生品开发中，如在公仔、T恤、手机壳等载体上，能够进一步提升产品的吸引力，并成为品牌传播的推动者。此外，以IP形象为主角的动态效果或视频在多个平台上提高了品牌曝光度，可以吸引更多关注，图5.16是IP形象的应用范围。

案例

美团巧妙地将IP形象融入闪屏页、个人中心页、运营海报和中秋月饼礼盒的包装，成功提高了品牌的统一性和识别度。在闪屏页，用户首次打开"美团App"即可看到袋鼠团团，被迅速吸引注意并感受品牌的亲和力。在个人中心页，IP形象增强了用户的归属感和亲切感。运营海报则利用IP形象展示促销信息，同时通过节日服装增强趣味性（如图5.17所示）。

（4）AIGC辅助IP设计

在IP设计中，AIGC工具通过其强大的创意启发功

图5.16　IP形象的应用范围

图5.17　IP形象的应用与延展示例

能，能够基于设计趋势和用户偏好生成新颖的创意概念和设计方案，为设计者提供源源不断的灵感。AIGC 工具的快速原型设计能力使设计者可以迅速制作出 IP 形象的初步草图，有效加速设计流程。此外，AIGC 工具还能够学习和模拟多种艺术风格，帮助设计者探索丰富多样的视觉表现形式。对于制作表情包或三视图等重复性设计任务，AIGC 工具的自动化设计功能可以自动完成，极大地节省了时间和资源。

AIGC 技术在生成 IP 形象时提供了多样化的方法，每种方法都针对不同的设计需求和场景。"草图生图"允许设计者基于初步的草图或概念图，利用 AIGC 工具进

行细节扩展和设计完善，非常适合设计初期的快速迭代和方向探索。"文生图"通过输入描述性文字，使 AIGC 工具理解并生成与文字描述匹配的图像，这种方法在缺乏具体草图时尤为有用，能够迅速激发设计概念。"图生图"通过分析现有图像，利用 AIGC 工具进行创新变化，生成具有新特征的图像，适用于对现有设计进行改进或创造 IP 形象的新变体。"风格迁移"则利用 AIGC 工具将一种艺术风格应用到另一图像上，创造出具有独特风格特征的新 IP 形象。目前较为常用的 AIGC 工具包括 Midjourney、Stable Diffusion 和 WHEE 等（如表 5-3 所示）。

表 5-3　AIGC 辅助 IP 设计工具对比

工具名称	Midjourney	Stable Diffusion	WHEE
类型	商业化 AIGC 服务	开源免费 AIGC 工具	商业化 AI 视觉创作工具
服务模式	云端服务	本地运行或自托管	云端服务
主要优势	灵活发散创意的能力，高效率地出图，适用于生成创意灵感图片	精细控制局部细节，适用于线稿上色和线稿转立体效果	一站式创作服务，包括绘画、生成、修图功能
图片风格	能够驾驭各种画风，图片审美成熟稳定	保证线稿元素的一致性，不易变形	提供多种方法，包括文生图、图生图等
操作界面	友好，上手难度低	相对复杂，学习成本较高	简单，支持自然语言操作，适合新手设计者
费用	收费，按月或年收取会员费用，不同套餐对应不同的服务内容和出图速度	免费	收费，具体套餐费用与使用需求有关
用户群体	适合新手用户	适合有技术背景的用户	适合设计者，提供多种辅助创作功能
语言支持	仅支持英文	仅支持英文	支持中文

小知识

当使用 AIGC 技术时，确保内容的原创性和合法性至关重要。设计者应提供原创的提示给 AI，避免抄袭现有作品。如果 AI 生成的内容受到现有作品的启发，必须明确标注来源并获取相应的使用许可。所有 AI 产出的内容也应经过人工审核，确保其准确性和合理性。同时，设计者应公开透明地声明内容是由 AI 生成的，以维护版权规范和确保创作诚信。

3. 视觉叙事

视觉叙事是指通过图像、图形和颜色来传达信息和情感，比文字更具冲击力和感染力。它通过视觉元素传达情感和营造氛围，使用户感受到故事的情感深度和细腻；同时，利用图表、插图和图像序列，有效地传递复杂信息，使内容更易于理解和记忆。视觉叙事被广泛应用于广告、品牌设计、用户界面设计、图书插图、电影和动态效果等领域，通过视觉语言帮助用户更好地理解和体验内容。视觉叙事不仅帮助用户

更好地理解产品和功能，还增强了品牌形象和产品与用户的情感链接。

利用IP形象进行视觉叙事可以显著提升品牌故事的表现力和吸引力。首先，设计者通过构建IP形象的背景故事和塑造其个性特征，为其设定引人入胜的角色，使其在故事中具有深度和一致性。其次，设计者通过设计统一的视觉风格，并利用插图和动态效果来展示故事情节和进行情感表达；将IP形象应用于数字媒体、广告、包装和衍生品，通过视觉叙事吸引目标用户的注意，并增强品牌识别度。最后，设计者通过设计互动体验和鼓励用户生成内容，增强用户的参与感和品牌的归属感；此外，通过收集用户反馈和进行数据分析，持续优化IP形象的视觉叙事，保持品牌的活力和相关性。

案例

滴滴顺风车曾推出"顺风车家族"IP形象设计体系，包含3名具有独特身份的成员：超赞车主暖大叔、文明乘客彩虹姐和滴滴客服橘坚强（如图5.18所示）。通过赋予这些角色生动的个性和背景故事，滴滴顺风车成功地将冰冷的工具界面转化为有温度的人物形象，增强了用户的情感信任。这些角色的选择基于大数据分析，精准地反映了顺风车主的特点和需求。超赞车主暖大叔代

表了车主的友好与热情，文明乘客彩虹姐展示了乘客的文明与友善，而滴滴客服橘坚强则体现了客服的专业与耐心。通过数据驱动的角色设计，滴滴顺风车有效地将品牌形象与用户实际需求结合，增强了品牌的亲和力和市场认知度。

三、空白页设计

空白页通常用来表示页面内容缺失或错误，如图5.19所示。这种页面不仅限于白色背景，其设计对提升用户体验至关重要，优秀的空白页不仅要传达清晰的信息，还要在视觉上与品牌形象保持一致，同时给用户提供指导和帮助，减少用户的焦虑和不满。

数据加载页、Null页、网络异常页和服务器/系统异常页是app设计中必须被细致考虑的空白页类型。数据加载页作为用户对产品的第一印象，在展现加载状态时应关注速度和用户体验，通常有全页式加载和模块式加载两种方式。Null页用于指示服务器数据确实为空，在设计上应巧妙引导用户进行内容创建或存储，以减轻其失落感。网络异常页在用户遭遇断网或弱网环境时出现，在设计上应帮助用户识别问题并提供等待反馈或解决方案。服务器/系统异常页在后端出现问题时出现，在设计上应缓解用户不满，提供明确的错误信息及操作指引。

图5.18 "顺风车家族"IP形象设计

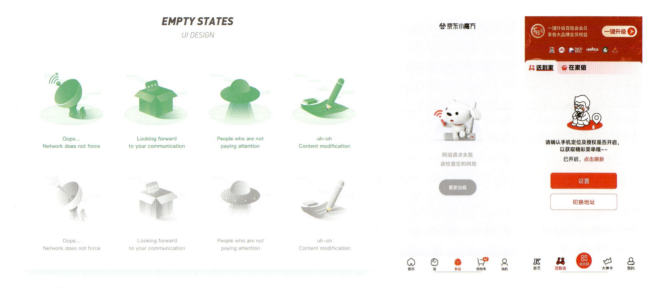

图 5.19　空白页示例

小知识

空白页通过使用灰色图标和简约风格，快速传达当前页面的不可用性，同时结合品牌 IP 元素，以友好的插图和幽默的文案缓解用户的焦虑；有时还配备直观的文字说明和检查网络的跳转链接，指导用户在遇到数据加载、数据缺失、网络或服务器问题时有效地排查错误和解决问题。

第三节　动效设计

【动效设计范例】

一、动效设计概述

动效设计通过直观反馈、注意力引导和动感增加，显著提升了用户体验。动效不仅是指美化界面，而且是一种沟通方式，它确认用户操作，提供操作反馈，使界面显得灵敏且吸引人。在设计实践中，动效常用于指示加载状态、确认操作、引导新用户，如社交媒体的"点赞"动效或菜单中指示活动状态的微提示。当前，数字产品的动效主要表现在微交互的广泛应用上，数字产品通过动效引导用户完成操作流程，提供即时反馈，使界面更加生动。此外，3D 元素的融合为动效设计增强了深度和真实感，为用户提供了沉浸式体验。

二、动效的类型

动效通过其多样化的种类丰富了数字产品，提升了用户体验。微交互动效以小规模的反馈提示用户操作的结果，如按钮点击或图标切换，通常不被注意但至关重要。加载和进度动效通过进度条和刷新效果缓解用户等待时的焦虑，增强操作进行中的可见性。导航动效帮助用户在复杂界面中"不迷路"，通过视觉提示清晰地指引方向，确保用户能够自主地了解下一步。讲故事和品牌推广动效则利用装饰性动效在欢迎屏幕上强化品牌形象，快速传达品牌故事。

三、动效设计的原理

迪士尼的"动画原则"为设计者提供了一个强大的基础，以创作出既真实又富有情感的动效。从挤压和拉伸赋予动效对象以重力作用和灵活性的错觉，到预期，再到登台、连续动作和姿态对应的技巧，都能帮助设计者在界面设计中引导用户的注意并建立动作的层次结构；跟进和重叠动作让动效更加自然，而"慢慢来"和"慢慢走"的技巧则让动作显得真实；弧线运动增强了动效的自然流畅性，次要行动则为动效增加了额外的情感维度，时机、夸张和实体绘图则确保动效既传达有效信息又具有吸引力。这些原则结合起来，使设计者能够创造出既符合物理定律，又能够激发用户情感的动效，从而在数字产品中提供更加丰富和引人入胜的用户体验。

四、动效设计工具

用于创建 Web 和移动界面动效的常用工具包括即时设计、Adobe After Effects、Sketch、Figma 和 Adobe XD 等。

（1）即时设计。它为设计者提供了快速实现动效的功能，包括丰富的预设动效库、拖放式动效应用、交互式原型创建、动效触发器设置、微交互参数调整、动效组合、实时预览和编辑、跨平台兼容性保证、协作和共享，以及与其他软件的集成或插件支持。

（2）Adobe After Effects。它以强大的动效功能而闻名，是创建复杂而细致的动效的理想之选；对希望创建复杂动态图形和视觉效果的设计者来说，Adobe After Effects 是一款功能强大的工具。

（3）Sketch。Sketch 虽然主要是一款用户界面 / 用户体验设计工具，但拥有 Anima 等插件，可用于创建基本的动效；对想要将动效集成到工作流程中而无须在不同平台之间切换的设计者来说，它非常有用。

（4）Figma。在界面设计过程中，Figma 能够提供交互功能和简单的动效功能；对需要在设计中创建和展示交互元素的设计者来说，它非常有用。

（5）Adobe XD。Adobe XD 提供自动动效功能，帮助设计者为用户界面 / 用户体验项目创建动效和过渡原型。它易于使用，并且与 Adobe 系列的其他产品集成良好。

小知识

移动界面上通常不会出现太多动效，否则会影响加载速度和用户体验。动效过多会使用户注意力分散，产生焦虑感。但是在用户等待的过程中使用加载动效，可以有效减弱用户焦虑感。

第四节　切图与标注

界面设计完成后，设计者需要对图标等元素进行切图处理，以供开发者使用。切图和标注是确保设计效果得以精确还原的关键步骤，对开发者能否高度还原设计有直接影响。精准的切图工作不仅能确保设计图的原貌得以保留，还能提高开发效率。

一、切图

1. 切图概述

切图是指将设计好的界面切割成多个小图像，以确保界面的各部分在不同设备和尺寸屏幕上都能正常显示。切图通常包括背景图像（如渐变和纹理）、图标（如按钮、导航图标和操作图标），以及其他元素（如按钮状态、滑动条和进度条）。在切图过程中，设计者需要考虑不同设备的分辨率的要求，尤其是在移动设备上，通常需要生成不同大小的图像，以适应不同的 DPI(Dots Per Inch，每英寸点数) 要求。

2. 切图的规范

在进行移动界面的切图工作时，设计者应遵循一系列基本规范以确保设计资源的有效性和优化用户体验；此外，切图还涉及一些常用单词，如表 5-4 所示。

（1）多尺寸图像。为了适应不同设备的分辨率，设计者在切图时应导出不同大小的图像，这些图像通常包括 1x、2x、3x 等不同版本，能够适应不同的 DPI 要求，尤其是在移动设备上，高 DPI 屏幕（如 Retina 屏幕）需要更高分辨率的图像，以确保图像保持清晰。

（2）图像格式选择。在切图时，选择合适的图像格式至关重要，PNG 格式适用于需要透明背景的图像，如图标和按钮，因为它支持透明通道且被无损压缩后能保持高质量；JPG 格式则适用于不需要透明背景的复杂图像，如照片或背景图片，因为其压缩比高且文件较小；此外，对于简单的矢量图形，如图标，使用 SVG 格式能够在不同尺寸屏幕上自适应而不失真。

（3）命名规范。图像的命名应反映其用途和尺寸，易于理解，如文件名"icon_home@2x.png"可以表示 2x 大小的首页图标；统一的命名不仅可以帮助开发人员快速识别和调用图像，还能提高团队协作的效率。

表 5-4　切图常用单词表

bg （backgrond，背景）	pop （pop up，弹出）	edit （编辑）	link （链接）
nav （navbar，导航栏）	icon （图标）	content （内容）	user （用户）
tab （tabbar，标签栏）	selected （选中）	del （delete，删除）	download （下载）

续表

btn （button， 按钮）	disabled （不可点击）	logo （标识）	note （注释）
img （image， 图片）	default （默认）	login （登录）	
left/center/ right （左 / 中 / 右）	pressed （按下）	refresh （刷新）	
msg （message， 提示信息）	back （返回）	banner （广告）	

（4）边距和间距处理。设计者在切图时应确保为图像留足边距，避免图像在实际使用中出现内容被截断的情况；同时，精确处理元素的间距，确保图像在实际使用中对齐正确，避免间距不准导致的视觉偏差。

（5）优化与压缩。在切图的同时，优化图像的大小也是关键步骤，设计者可以使用图像压缩工具（如TinyPNG、ImageOptim），加快网页或 app 的加载速度，同时保证图像的质量；此外，切图时应避免导出未使用或多余的图像，减少不必要的文件占用空间的情况，提高项目效率。

（6）导出设置。导出切图时，设计者需要确保元素的边框和阴影效果被完整保留，不出现缺失；同时，精确对齐图像与设计稿中的元素，以避免对齐误差导致的视觉偏差，这样可以确保最终呈现的图像与设计稿保持一致，保证设计效果的完美实现。

3. 常用的切图工具

界面设计工具如 Figma、Sketch、Adobe XD 和即时设计都提供了便捷的切图功能，而即时设计是近年来流行的国产设计工具，专为用户界面 / 用户体验设计优化打造，特别是在切图和资源导出方面功能强大。即时设计作为一款基于云端的设计工具，类似于 Figma，专注于为中国用户提供界面设计、原型设计和团队协作功能。它支持多平台操作，便于在 Windows 和 Mac 等系统上进行设计和切图，并针对移动端作了优化，确保图像在不同设备上的适配。即时设计允许设计者和开发者在同一项目中实时协作，直接在浏览器中完成切图操作，团队成员可以同时查看、评论和修改图像，提高了工作效率。此外，它提供了自动标注功能，能够自动生成尺寸、间距、颜色和字体等详细标注信息，开发者可

以直接下载带有标注的切图，减少手动标注的工作量和出错风险。即时设计还支持批量切图，能够一次性导出多个图像，并通过资源管理器轻松管理和组织切图文件。丰富的扩展插件则进一步增强了切图功能的灵活性，如自动生成具有不同分辨率的切图或将切图上传到云端存储。

二、标注

1. 标注概述

标注是指在界面设计中，为设计稿中的各个元素添加详细的说明信息，以便开发者在实现设计时能够准确理解和还原设计意图。标注通常包括元素的尺寸、间距、颜色、字体、阴影效果、圆角半径等具体的设计参数。这些参数在开发阶段非常重要，因为它们提供了明确的视觉规范，能够确保最终产品与设计稿一致。

标注通常由设计工具自动生成，或者通过设计者手动添加完成。它们可以自动显示在设计稿的边缘，或者通过人为点击某个元素显示。在团队合作中，标注可以帮助设计者和开发者进行更好的沟通，减少误解，确保产品的视觉效果和用户体验达到预期目标。

2. 标注的规范

在设计过程中，准确的标注能够确保开发者理解并准确实现设计意图，从而提高项目的整体质量和一致性。标注需要注意以下规范。

（1）元素尺寸。标注每个元素的宽度和高度是设计的基本要求，使用像素进行标注，可以确保开发者在实现设计时准确再现设计稿的尺寸；同时，设计者还需要详细标注元素的边距和间距，以确保界面布局的一致性。

（2）颜色信息。提供元素的颜色信息是标注的重要部分，设计者应标注颜色的 RGB 值或 HEX 值，以确保开发过程中颜色的准确应用。

（3）字体信息。标注字体的详细信息是确保文本样式一致的关键，这包括字体名称、样式（如 Regular、Bold、Italic）、大小、行高及字距；文本的对齐方式（如左对齐、右对齐、居中对齐等）也应被清晰标注，以便开发者准确实现设计效果。

（4）交互状态。标注不同交互状态的样式（如鼠标悬停、点击、禁用状态等）对确保用户体验的一致至关重要；设计者还应描述动效的持续时间、缓动函数和触发条件，以便开发者实现设计中的动态元素。

（5）布局网格。设计者在布局网格时应标注列数、行高和边距等信息，这些信息有助于开发者在实现设计时保持一致的布局和对齐规则，确保界面设计的结构性和整齐性。

（6）设计规范文档。创建并维护设计规范文档可以集中记录所有标注信息和设计规范，这个文档便于团队成员查阅和使用，有助于确保设计的准确性和一致性，减少误解和错误。

（7）自动化工具。设计者利用设计工具（如Figma、Sketch、Adobe XD）提供的自动标注功能可以简化标注过程，减少手动标注的工作量，并确保标注的一致性和准确性，从而提高团队的工作效率和设计质量，如图 5.20 所示。

小知识

现在，切图与标注都可以通过工具自动生成，这显著提高了设计效率。这些工具自动处理了许多重复和烦琐的任务，使设计者能够专注于创意和设计质量，而不再花费大量时间在手动切图和标注上。

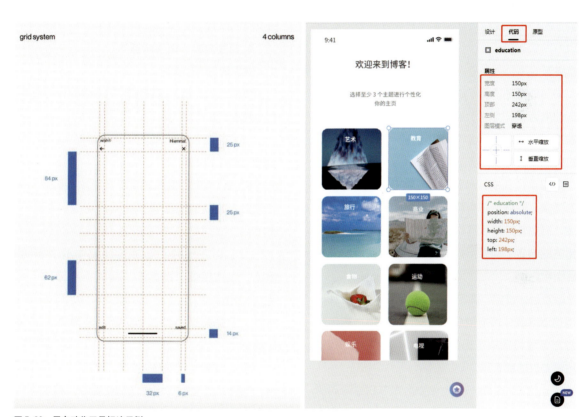

图 5.20　用自动化工具标注示例

单元训练和作业

一、课题内容

1. 课题内容：app 界面设计

课题时间：10 课时

教学方式：线上课程预学 + 案例教学 + 一对一作业指导

要点提示：

（1）设计闪屏页：清晰展示品牌 LOGO 或 app 名称，使用符合品牌形象的颜色和字体，确保品牌识别度；设计简洁流畅的过渡动效，提升用户等待体验，与 app 风格一致。

（2）设计首页：合理布局首页，提供重要信息，使用清晰的导航和按钮；设计具有视觉吸引力的首页，通过图像和色彩吸引用户注意，根据用户需求设置首页功能优先级，设计简洁明了的入口。

（3）设计详情页：清晰地展示 app 中的重要信息，确保信息的可读性；设计便于操作的互动元素，提供明确的视觉反馈，保持与其他页面的视觉一致性，确保整体设计风格统一。

2. 课题内容：用户运营设计

课题时间：4 课时

教学方式：线上课程预学 + 案例教学 + 一对一作业指导

要点提示：

（1）节日或活动选择：选择一个具有广泛影响力的节日或活动作为设计主题，如春节、情人节等；这个节日或活动应具有足够的商业潜力和用户参与度，能够激发用户的兴趣并提高参与度。

（2）目标用户分析：对目标用户进行详细分析，了解他们的需求、偏好和行为模式，包括用户的年龄、性别、地域、兴趣爱好等；通过调研数据和用户画像来指导运营策略的制定，确保用户运营设计能够有效地吸引和留住目标用户。

（3）运营目标设定：确定本次用户运营设计的目标，如提高用户活跃度、增加用户注册量、提高销售转化率等，并根据运营目标制定相应的运营策略和活动内容，以确保运营效果的最大化。

（4）活动策划与内容设计：策划针对节日或活动的具体运营活动，如限时促销、节日专属活动、用户互动游戏等；活动内容应具有吸引力并符合节日氛围，同时具有可行性和实施效果。

（5）运营界面设计：设计与节日或活动主题符合的用户界面，尝试将 IP 形象融入运营界面设计，确保视觉效果与活动内容的统一；在运营界面设计中融入节日或活动主题元素，同时关注用户的使用便捷性和视觉体验。

（6）用户测试与反馈：制订用户测试计划，测试用户对运营界面与活动设计的接受情况，适时改进。

3. 课题内容：app 情感化设计

课题时间：4 课时

教学方式：线上课程预学 + 案例教学 + 一对一作业指导

要点提示：

（1）IP 形象设计：设计 IP 形象时，要确保 IP 形象能够准确传达品牌的情感和价值观，借助色彩、形状和风格，使 IP 形象与品牌的整体情感定位匹配；IP 形象应具有视觉吸引力和辨识度，与 app 的整体风格保持一致。

（2）空白页设计：应避免冷漠和无聊，尝试用友好的提示或有趣的插图来提升用户体验；空白页应提供明确的功能性提示或行动呼吁（如"重新加载""回到首页"），帮助用户快速找到解决方案，改善用户停留在空白页时的体验。

4. 课题内容：切图与标注

课题时间：2 课时

教学方式：线上课程预学 + 一对一作业指导

要点提示：

（1）切图任务：从设计稿中选择一部分进行切图，使用工具（如即时设计、Sketch、Figma、Adobe XD）进行切图，确保图像清晰且符合要求；切图文件须按规范命名，并以清晰的文件夹结构组织，以便于管理和使用。

（2）标注任务：选择设计稿中的关键区域进行标注，包括按钮、图标等，使用标注工具（如即时设计、Sketch、Figma、Adobe XD）详细标注尺寸、间距、字体和颜色等信息；标注应清晰、准确，并符合规范。

（3）提交要求：提交切图后的图像文件及其组织结构，并确保图像格式和质量符合要求；标注文件也须提交，并附上说明文档，简述切图和标注的过程、使用的工具及解决方案。

二、教学要求

（1）理论知识掌握：掌握 app 界面设计的基础理论，理解不同页面的设计要求，掌握情感化设计、切图与标注的方法。

（2）设计实践能力：能独立设计闪屏页、首页和详情页，展示对设计原则和用户需求的理解，确保各页面视觉和功能一致；能够进行 IP 形象设计并将其应用于运营界面，能够使用界面设计工具进行切图与标注。

（3）案例分析：分析实际应用中的设计案例，了解成功设计的思路和策略，并将经验应用于设计作业。

（4）作业提交与反馈：按时提交作业，确保作业符合要求；在一对一作业指导中，根据反馈进行调整和优化，展示改进后的设计。

（5）互动参与：积极参与线上课程预学和讨论，与其他同学分享设计思路和经验，展示对设计项目的深入理解。

第六章
界面设计实践

教学要求

通过案例教学，巩固app开发的完整流程，掌握用户研究、交互设计、界面设计的理论与方法；以"乡村振兴"与"健康中国"为主题进行设计实践，围绕国家需求与战略，掌握以设计助力社会发展的能力；了解车载HMI设计的方法，关注数字界面设计的发展前沿。

教学目标

提升学生的实际操作能力，培养学生将国家发展战略与社会需求融入设计实践的意识，增强促进"乡村振兴"与"健康中国"的责任感和使命感。

教学框架

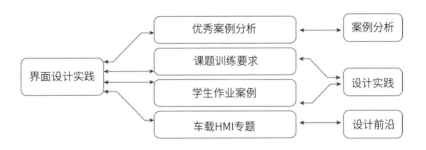

党的二十大报告提出"全面推进乡村振兴""推进健康中国建设",强调了乡村发展的重要性,并明确了建设健康中国的目标。乡村振兴是实现中华民族伟大复兴的一项重大任务,旨在推动农业全面升级、农村全面进步、农民全面发展。健康设计作为提高居民生活质量的重要手段,与健康中国战略相辅相成,致力于通过创新设计推动居民形成健康的生活方式,并增强他们的健康意识。同时,信息技术的快速发展,尤其是移动互联网的广泛应用,使 app 成为连接城乡、服务居民的重要工具。此外,互联网、大数据、AI 与实体经济的深度融合,为 app 在乡村振兴中的应用开拓了更广阔的空间。这些技术不仅可以传播农业科技和健康知识,还能提供在线医疗服务和远程教育,进一步改善居民的生活质量。

本章精选了关注"乡村振兴"和"健康中国"的优秀案例,深入分析其目标用户、痛点、解决方案及项目特色;通过对这些案例的分析,探讨设计如何有效回应乡村振兴和健康领域的挑战,并为设计实践提供启示和思路。

第一节　优秀案例分析

一、关注"乡村振兴"的案例

【谷雨智能管理系统】

案例一：谷雨智能管理系统

项目简介:该系统将物联网、数字孪生和区块链等技术应用于数字农业的发展(如图 6.1 所示),以提高农业生产流程的管理效率;用户可以通过该系统轻松判断各个复杂环节中的问题,作出智能决策,并通过数字孪生技术进行无人机群操作;同时,该系统支持每个角色的界面定制,单人管理面积增加了近 30 倍,产量提高了 3 倍。

案例分析

目标用户:该系统主要面向农业生产者、农场管理者及农业科技公司。

痛点:全球粮食危机凸显了农业生产面临的挑战,包括资源短缺、效率低下和管理复杂;农业从业者需要

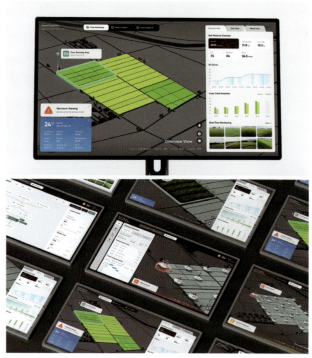

图 6.1　谷雨智能管理系统

一种能够应对这些挑战、提高作物产量和质量、减少浪费的解决方案。

解决方案:该系统通过整合物联网、数字孪生和区块链等前沿技术,提供了一个全面的解决方案;物联网设备收集田间数据,数字孪生技术模拟农业生产环境,区块链技术确保数据安全和透明,共同促进了农业生产流程的智能化和自动化。

项目特色:该系统的特色在于其高度的可视化和用户界面定制能力,使不同身份的用户都能根据自己的需求和偏好进行操作;这种定制化体验不仅提高了用户的工作效率,而且通过智能决策支持,显著提高了农业生产的管理效率和作物的产量。

案例二：RVVS

项目简介:RVVS 是一个远程视频会议服务系统(如图 6.2 所示),旨在解决兽医人力不足的问题,特别针对大型牲畜疾病的预防和治疗;通过 AI 识别和远程兽医访问功能,该系统帮助奶农分析他们的牛只情况,并确定是否需要兽医到现场进行治疗,帮助兽医减少了不必要的旅程。兽医可以通过该系统分发药物和食物,奶农可以通过该系统预防牛只的疾病并了解预防性护理知识,从而减少疾病发生的机会和药物的不当使用。

图 6.2　RVVS

案例分析

目标用户：奶农、兽医。

痛点：在偏远地区，兽医资源的不足导致牛只疾病预防和治疗的困难；此外，现有的远程咨询方式往往缺乏足够的功能帮助兽医作出准确的诊断，限制了远程医疗服务的效率。

解决方案：该系统利用 AI 对牛只情况进行初步诊断，通过远程视频会议功能，让兽医实时检查，提高诊断和治疗效率；此外，该系统指导奶农正确使用药物和食物，以预防疾病，减少药物滥用。

项目特色：该系统通过集成 AI 和远程通信技术，提供了一个实时互动的平台，让兽医和奶农能够高效沟通，共同加强了牛只健康的管理；该系统的数据驱动特性为奶农提供了定制化的预防性护理建议，同时，其环境适应性确保了不同地区和规模的农场都能受益。

二、关注"健康中国"的案例

【手指拼写】

案例一：　手指拼写

项目简介：手指拼写是一个创新的解决方案（如图 6.3 所示），旨在通过在线平台提供美国手语（American Sign Language，ASL）的学习资源，特别针对具有言语障碍的儿童；目的是解决这类儿童因早期未接触手语而出现的言语障碍问题，同时帮助听力正常的父母与他们的孩子建立有效的沟通桥梁。

图 6.3　手指拼写

案例分析

目标用户：具有言语障碍的儿童及其家长、教育工作者、医疗人员及对 ASL 感兴趣的人。

痛点：具有言语障碍的儿童缺乏有效且有趣的手语学习途径；对初学者来说，传统的学习方法可能既枯燥又难以掌握。

解决方案：为了解决这一问题，该方案推出了手指拼写游戏，以一种互动性强、分步指导的方式，让用户在轻松愉快的氛围中逐步掌握 ASL 的基础知识，特别是手指拼写技能。

项目特色：该方案游戏化的学习方法，强调实践操作，通过重复练习和逐步增加难度，帮助用户掌握从字母拼写到复杂单词和短语拼写的技能，同时加入社交元素，如成就分享和排行榜，以激励用户之间的健康竞争，激发学习动力；通过这些特色，该方案不仅为具有言语障碍的儿童和听力正常的人群之间的沟通搭建了桥梁，也为促进社会的包容性和多样性作出了贡献。

案例二：Dot Go

【Dot Go】

项目简介：Dot Go 是一个专为视障人士设计的创新平台，旨在帮助他们更好地探索世界、定位物体并执行日常任务，由 Dot 公司开发，得到了 KOICA 和 IDB 等机构的支持，利用 iPhone 的 LiDAR 传感器和计算机视觉技术，为用户提供实时导航和物体识别服务，增强他们对周围环境的感知；其 app 通过自动化和多模态反馈简化操作流程，并允许用户根据个人喜好进行个性化设置（如图 6.4 所示）。此外，该平台还鼓励社交互动，支持无障碍旅游体验，让用户能够更自由地旅行，并在设计上坚持以用户为中心，确保功能明确、界面直观，同时注重视觉设计的简洁和美观，以满足用户的实际需求。

图 6.4 Dot Go App 设计

案例分析

目标用户：视障人士，该平台在学校、零售商店等公共场所为他们提供无障碍体验。

痛点：视障人士对更好地探索世界、定位物体和自动化执行日常任务的工具的需求。

解决方案：利用 iPhone 的 LiDAR 传感器进行动态定位和导航，使用计算机视觉模型检测物体，并允许自动化触发声音、振动及与网络、其他 app 和智能家居设备的交互；此外，NFC 和背部轻敲功能及与可穿戴设备的集成使用，实现了免提操作，增强了用户的独立性和活跃性。

项目特色：该平台通过定制化技术和用户友好的设计，提供实时导航和物体识别服务；其亮点之一是其研发过程中有视障人士的参与，确保了设计真正贴合用户需求，并利用先进的 LiDAR 传感器、计算机视觉模型和自动化功能，支持无手操作，通过社区共享促进协作创新。

案例三：Holimed 综合临床诊断系统

【Holimed 综合临床诊断系统】

项目简介：该系统集成了硬件、软件和服务解决方案（如图 6.5 所示），以简化和提升以往复杂或不愉快的体检体验；诊断操作包括听诊、体温测量、脉搏血氧测量、血糖测量、血压测量、心电图监测、耳科检查和眼科检查，与传统的同类产品比较，该系统带来了紧凑、轻便且低调的设计创新，减少了对患者的心理影响。

案例分析

目标用户：临床医生、护士等医疗人员及需要在家进行基本医疗检查的普通患者。

痛点：传统医疗设备存在操作复杂、携带不便、检测功能单一等问题，医疗人员的主要痛点在于在医疗环境中减少设备占用空间和提高工作效率的需求，患者的主要痛点在于对更加舒适、无创医疗体验的需求。

解决方案：该系统通过集成多种医疗检测功能到一个紧凑、轻便的设备中，解决了上述痛点，简化了医疗检测流程，减轻了患者的心理压力，同时提高了医疗点的工作效率。

项目特色：创新的模块化设计不仅使设备易于使用和维护，还具有高度的灵活性和可扩展性。

图 6.5　Holimed 综合临床诊断系统

图 6.6　飞利浦虚拟护理管理平台

案例四：飞利浦虚拟护理管理平台

项目简介：该平台提供全面的解决方案和服务（如图 6.6 所示），旨在帮助卫生系统、医疗保险支付方和雇主以更有意义的方式在任何地方与慢性病患者建立深度联系，包括虚拟护理工作区（使医疗服务提供者能够积极管理患者）、My Virtual Care App（促进患者参与），以及为每个阶段的患者量身定制的个性化辅导计划；这些工具赋予患者掌控自己健康状况的能力，从而显著降低医疗成本。

案例分析

目标用户：卫生系统、医疗保险支付方、雇主及慢性病患者。

痛点：慢性病管理在美国医疗支出中占比高达90%，其卫生系统在慢性病患者持续护理和成本控制方面存在不足；卫生系统和医疗保险支付方迫切需要一种能够提供个性化护理、提高患者参与度，并及时了解患者健康状况的解决方案。

解决方案：该平台通过提供虚拟护理工作区和 My Virtual Care App，使医疗服务提供者能够更有效地管理患者，同时通过个性化辅导计划，支持患者在各个阶段进行自我管理，从而提高护理质量并降低医疗成本。

项目特色：该平台的特色在于其综合运用了虚拟护理工作区、app 和个性化辅导计划等多种工具，以促进患者的积极参与和自我管理；通过这些工具，患者能够在任何地方获得必要的支持和资源，实现对自身健康状况的掌控，这对优化慢性病管理和降低医疗成本具有重要意义。

【智能老年护理解决方案】

案例五： 智能老年护理解决方案

项目简介：党的二十大报告提出，"实施积极应对人口老龄化国家战略，发展养老事业和养老产业……"该方案由 AI 和机器人技术驱动（如图 6.7 所示），通过与智能云平台的融合，顺畅地连接了各种设备，确保提供个性化的一对一护理；不仅提高了老年人的生活质量，还降低了护理人员的培训成本，改善了护理行业的工作环境，将富有同理心的智能服务嵌入他们的日常生活。

案例分析

目标用户：老年人，尤其是那些需要日常监护和医疗护理的老年人；护理人员和医疗机构，该方案旨在提高他们的工作效率和护理质量。

痛点：随着人口老龄化的加剧，老年人的护理需求不断增长，但护理人员短缺和护理成本高昂成为主要问题；此外，老年人对维持独立生活和获得个性化关怀的需求常常难以得到满足。

解决方案：通过 AI 和机器人技术的应用，该方案有效地减轻了护理人员的工作压力，并通过智能云平台整

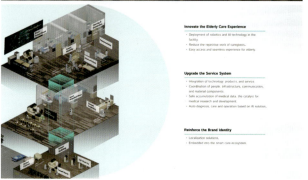

图 6.7 智能老年护理解决方案

合各种设备，实现了个性化的一对一护理服务；不仅降低了护理服务的培训和运营成本，还提高了护理工作的效率和质量。

项目特色：该方案不仅通过先进的技术提高了老年人的生活质量，还通过富有同理心的智能服务，使老年人的日常生活更加舒适和有尊严；此外，该方案注重提高护理人员的工作满意度和护理行业的整体工作环境，体现了其高度的技术创新和人文关怀。

第二节　课题训练要求

1. 以"乡村振兴"和"健康中国"为主题进行设计实践

设计主题包括但不限于适老化设计、关注弱势群体的设计、关注乡村振兴的设计等；在充分调研需求场景及目标群体后，以解决当前社会热点问题，提高目标群体的生活质量为导向；以特定形式提供设计解决方案，呈现形式包括但不限于 app、小程序、网页设计、游戏设计等。

2. 根据双钻模型分阶段进行数字产品设计实践

数字产品设计实践要求如表 6-1 所示。

表 6-1　数字产品设计实践要求

设计阶段	设计内容		设计产出
第一阶段：发现	用户研究	对目标用户进行访谈和调查	访谈纪要、调查问卷、用户反馈汇总
	市场研究	研究竞争对手和行业趋势	竞争分析报告、行业趋势分析
	利益相关者访谈	收集利益相关者的见解	利益相关者分析、关键需求列表
	同理心地图	了解用户的情绪和动机	同理心地图、用户画像
第二阶段：定义	综合数据	使用亲和图来识别模式	亲和图
	问题陈述	制作清晰、简洁的文档	问题陈述文档
	用户旅程图	绘制用户旅程图以查明痛点	用户旅程图
	项目简介	起草一份项目简介，概述项目目标和限制	项目简介文档
第三阶段：开发	构思	通过协作研讨会集思广益寻找解决方案	创意工作坊报告、解决方案概念列表
	原型设计	创建线框和草图	纸膜原型、线框图
	用户测试	与真实用户一起测试原型	用户测试计划、测试报告
	迭代	根据反馈改进设计	迭代设计稿、改进点记录
第四阶段：交付	高保真原型	在高保真原型中完成设计细节	高保真原型（含情绪板、品牌设计与用户界面设计），交互细节说明
	开发	设计者和开发者密切合作，构建互联网产品	设计规范文档、切图与标注
	质量保证	进行广泛的测试	测试计划、测试用例、测试报告
	使用与反馈	启动项目并持续跟进用户反馈进行不断迭代	用户反馈跟踪表、迭代路线图

3. 梳理设计过程并将设计成果制作成作品集发布

从项目设计的初衷开始，设计者需要回顾并记录每一个设计步骤，包括项目背景、用户研究、概念发展、草图绘制、原型制作、视觉设计及最终的测试和反馈，也可以参考图 6.8 的用户体验与产品创新设计流程。在这个过程中，设计者不仅需要收集和整理所有相关设计材料，还需要对设计成果进行客观的评估，找出其优势和不足。随后，设计者需要精心设计作品集的结构和布局，确保内容的逻辑性和视觉吸引力；注意作品集排版，确保信息传达的清晰和专业。在完成初稿后，获取组员、教师、企业或目标用户的反馈至关重要，这一步骤可以帮助设计者优化作品集。最终，设计者需要根据反馈进行修订，并选择合适的展示形式，无论是数字作品集、实体书籍，还是在线平台，都要确保作品集能够准确、有效地传达设计成果。此外，随着设计实践的不断深入，设计者需要定期更新作品集，展示最新的设计成果和思考，这也是提升设计能力的重要途径。

4. 参加国家级 A 类设计竞赛

参加高水平设计竞赛是提升设计能力的重要途径，设计者通过参加国家级 A 类设计竞赛，可以深入了解竞赛要求，激发创新思维，深化专业技能，学习前沿的设计理念和技术。持续跟进行业动态和培养持续学习的态

用户体验
与产品创新设计

User Experience and Product Innovation Design

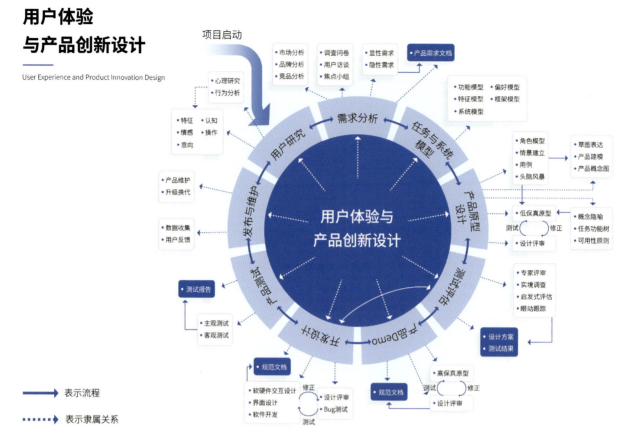

图 6.8　用户体验与产品创新设计

度对设计者的长期发展来说至关重要。设计者可以将竞赛中学到的知识和技能应用于日常的设计工作，这样有助于不断提高设计效率和质量。

第三节　学生作业案例

一、"乡村振兴"主题

案例一：　枣阳市桃乡农旅融合平台设计

设计：曾奕然、张梦瑶、程淑彤

指导：康帆、于肖月、苏曼（"即时设计"企业导师）、郭田田（产业学院）

1. 项目简介

"桃桃星球 App"是一个创新的农旅融合平台，致力于促进枣阳市这一"中国桃之乡"的桃产业发展和乡村振兴。通过

整合线上销售和农旅体验，"桃桃星球 App"为消费者和桃农之间搭建起一座桥梁，让城市居民能够便捷地购买到新鲜、优质的桃子，同时进行桃花观赏、汉服体验等丰富多彩的乡村文旅活动。

2. 设计过程

（1）发现阶段

项目背景："桃桃星球 App"是枣阳市响应乡村振兴战略和农业现代化发展目标的具体实践结果，旨在解决以"中国桃之乡"著称的枣阳市的桃农面临的网络销售渠道不足、品牌知名度有限和产品附加值低的问题。

研究方法：设计者采用实地调研法、访谈法、焦点小组、人物志研究等研究方法，对桃农、镇政府和消费者等利益相关者的需求和痛点进行分析（如图 6.9 所示）；痛点即传统农业与现代旅游业结合不紧密，导致农业资源未得到充分利用，农产品销售渠道单一，以及乡村文旅活动缺乏吸引力。

竞品分析：市场上已有如携程、去哪儿、飞猪等主要服务于城市旅游和出境游的大型旅游类 app，它们在功能模块、用户服务、界面设计等方面较为成熟，但在乡

图 6.9 实地调研与访谈

村旅游领域尚未形成明显的竞争优势；"桃桃星球 App"正是看准了这一市场空白，依托乡村振兴和农业现代化的政策导向，满足了消费者对个性、文化体验的追求。

（2）定义阶段

问题陈述：当前市场上的旅游类 app 主要服务于城市旅游和出境游，对乡村旅游，特别对旅游与特色农产品的结合考虑欠佳，导致了一个服务缺口，无法满足那些寻求独特乡村体验和农旅融合产品的用户的需求；此外，乡村地区拥有丰富的文化和自然资源，但往往因缺乏有效的推广和销售渠道而未被充分利用，桃农和其他农产品生产者也因传统销售模式的限制而难以拓宽市场和增加收入。因此，设计者有必要开发一个专门的平台来解决这些问题，促进乡村旅游的发展，增加农产品的附加值，同时为用户提供一个全新的旅游选择。

设计简介："桃桃星球 App"旨在填补上述市场空白，提供一个专注于乡村旅游和特色农产品开发的综合性服务平台；将结合乡村旅游的自然美景、文化体验和农产品销售，为用户提供一站式的服务。

"桃桃星球 App"主要有以下几个功能。

乡村旅游推荐：展示乡村旅游景点、活动和当地特色，提供个性化的旅游路线和活动预订服务。

农产品电商：在线销售当地特色农产品，直连消费者和生产者，增加农民收入。

农旅融合体验：结合农业体验和旅游活动，如水果采摘、农事体验等，增强旅游的互动性和趣味性。

文化教育：对乡村文化、历史和农产品知识进行普及，增强用户对乡村旅游价值的认识。

社区互动：构建用户社区，用户可以在其中分享旅游体验、产品评价和进行文化交流，以此提高用户黏性。

通过这些功能，"桃桃星球 App"不仅能够满足用户对乡村旅游的多样化需求，还能实现当地农业与旅游业的双赢，推动乡村经济的发展。

（3）开发与交付阶段

"桃桃星球 App"致力于为用户提供远离城市喧嚣、享受宁静乡村生活的机会，以"品味美好"为核心理念，提供深度的乡村文化旅游体验和高品质的农产品直供服务，以汉服文化为特色，让用户在进行身心放松的同时，深入了解和体验中华优秀传统文化。

品牌 LOGO 巧妙地融合了桃子和星球元素，象征无限可能和宇宙般的探索。图标设计采用线性风格和圆角，给人简洁和可爱的感觉，易于识别和传播，如图 6.10 所示。"桃桃星球 App"中的 IP 形象设计借助了 AIGC 工具，这不仅提高了设计效率，还确保了设计的创新性和吸引力；穿着汉服的小女孩，以其可爱、亲切的形象成为用户的情感纽带，如图 6.11 所示。品牌色彩是温馨的桃粉色，给人温暖、舒适和甜美的感觉。通过一系列以 IP 形象为主角的运营活动，如汉服文化节和农事体验营，"桃桃星球 App"增强了用户的参与感和品牌忠诚度；将品牌元素应用到闪屏页、首页、个人中心页等界面设计中，将 IP 形象应用到广告标语与运营设计中，增强了用户与 app 的情感共鸣，如图 6.12 所示。

3. 项目分析

目标用户：追求健康生活方式和文化体验的广泛群体，尤其是对农旅活动感兴趣的城市居民和旅游爱好者；"桃桃星球 App"为这些用户提供了一个直接接触自然、体验农耕文化和享受乡村风光的平台，同时也满足了他们对新鲜农产品的需求。

选中　　　　　　　　　　　　　　　　　未选中

图 6.10 "桃桃星球 App"的图标设计

三视图
THREE VIEWS

表情

图 6.11 "桃桃星球 App"的 IP 形象设计

图 6.12 "桃桃星球 App"的界面设计

痛点分析：传统农业与现代旅游业结合不紧密，导致农业资源未得到充分利用，农产品销售渠道单一，以及乡村文旅活动缺乏吸引力。

问题解决："桃桃星球 App"通过整合农业资源和旅游资源，提供了一个综合性的解决方案，它不仅为农产品提供了新的销售渠道，还通过举办桃花节、汉服体验等活动，增强了乡村文化的吸引力，促进了当地旅游业的发展，从而带动了乡村经济的多元化和可持续发展。

项目特色：其创新的农旅融合模式，将农业生产与旅游体验紧密结合；特色功能包括线上预约农旅活动、实时分享农事体验、虚拟经营农场等，这些功能不仅增强了用户参与感，也为传统农业注入活力；此外，通过与当地政府和高校的合作，"桃桃星球 App"还能够提供专业的农业知识和文化教育内容，进一步提高了项目的深度和广度。

4. 教师点评

"桃桃星球 App"致力于通过科技赋能"中国桃之乡"枣阳市的桃产业。面对老年桃农在网络销售和品牌建设方面的挑战，"桃桃星球 App"利用数字化手段，拓宽销售渠道，提高品牌知名度，增加产品附加值，并通过农旅融合模式，如桃花观赏和汉服体验，吸引消费者，推动桃产业多元化发展。党的二十大报告提出："发展乡村特色产业，拓宽农民增收致富渠道。""桃桃星球 App"的建设和推广，不仅体现了设计者对党的二十大精神的深入贯彻，也展现了政府、高校和社会各界对创新驱动和科技支持的积极响应，为枣阳市桃产业的可持续发展注入新动力，助力农民增收，有助于推进乡村全面振兴。

案例二： 乡村美育平台设计

设计：裴晓影、张聪颖、罗显芳、孙小茹

指导：康帆、张春燕（中小学特级美术教师）、陈莹燕、苏曼（"即时设计"企业导师）

1. 项目简介

"启慧美育 App"是一个创新的教育平台，旨在解决乡村地区美术教师短缺的问题，并缩小城乡美育发展的差距。通过整合优质的美术教育资源，结合 STEM（S-Science，科学；T-Technology，技术；E-Engineering，工程；M-Mathematics，数学）教育理念，"启慧美育 App"致力于将美育与智育结合，激发学生的创造力和想象力。它提供了丰富的在线课程、互动教学视频和个性化学习计划，为乡村学生打造了一个随时随地都能接触和学习美术的环境。用户可以通过平台轻松获取专业的美术教学支持，享受与城市学生同等的教育机会，共同促进乡村美育的发展。

2. 设计过程

（1）发现阶段

项目背景：乡村美育作为教育振兴、人才振兴和文化振兴的重要组成部分，在我国农村基础教育中却面临着资源匮乏、功能认知度不高、边缘化和形式化的多重挑战；尽管国家对美育日益重视，但乡村地区的专业师资短缺、教学设施不足及社会参与度有限，导致美育在实际教学中呈现出空心化现象，难以充分发挥其在培养学生综合素质、传承创新乡村文化方面的重要作用。

研究方法：在探究乡村美育的痛点时，设计者采用实地调研法深入乡村学校，观察美育课程的授课环境和学生参与情况；通过访谈法与学校管理者、教师、学生及家长进行深入对话，收集他们对美育的看法和需求；同时，利用问卷法设计具有针对性的调查问卷，收集定量和定性数据，全面了解乡村美育的普及度和参与度，如图 6.13 所示。

图 6.13 实地调研法和问卷法

（2）定义阶段

痛点分析：乡村美育存在师资短缺、课程内容单一、教学资源匮乏及社会对乡村美育重视不足等关键问题。

问题陈述：乡村美育正面临着师资和课程资源短缺的双重挑战，这导致学校难以提供全面系统的美育课程，而课程内容的深度和广度也受到限制；STEM 教育理念虽具有提升学生综合素质的潜力，但在乡村地区尚未得到广泛认知和应用，未能实现其跨学科整合的优势；乡村学校的美术课程多集中于技法训练，忽略了对学生创造能力和审美能力的培养，课程主题零散，缺乏连贯性。尽管儿童对美术有着天然的兴趣，但学校和家长往往未能充分认识到美育对儿童全面发展的重要性，导致美育在教育体系中被边缘化。

设计简介："启慧美育 App"是一个以 STEM 教育理念为核心的乡村美育平台，旨在通过免费开放的优质美育资源，为乡村学校和家庭提供全面的艺术与创新教育；设计者与企业合作，提供配套的教学资源包，并通过联合举办公益画展等活动，提高社会各界对乡村美育的重视度；同时，设计者鼓励社区和家庭的积极参与，增强家庭对美育的支持；而"启慧美育 App"也将持续更新课程内容，确保资源的高质量和相关性，满足乡村教育的实际需求。

"启慧美育 App"主要有以下几个功能。

课程浏览与学习：用户可以浏览各种美育课程，并根据自己的兴趣和需求进行选择性学习。

个性化推荐：根据用户的学习历史和兴趣点，智能推荐相关课程，提升用户体验。

互动教学：通过视频教程、在线演示和互动式学习模块，提高学生的参与度并提升学习效果。

资源下载：提供教学资源包的下载服务，包括艺术创作指导、教学材料和工具包。

社区活动：组织公益画展等社区活动，鼓励用户参与并分享自己的作品。

（3）开发阶段

站点地图：由"首页""学习""画廊"和"我的"4个主要部分组成；"首页"作为用户接触 app 的第一界面，提供概览和导航，展示重要通知和进行个性化推荐；"学习"是 app 的核心，允许用户浏览、选择和学习各种美育课程，同时跟踪学习进度和获取个性化推荐；"画廊"是一个展示和分享学生作品的社区空间，鼓励创意表达和互动；"我的"让用户可以管理个人信息、查看学习历史和收藏，并提供设置和帮助选项，如图 6.14 所示。

图 6.14 "启慧美育 App"的站点地图

原型设计：从闪屏页的加载动画到首页的快速入口，再到课程的详细预览，用户可以便捷地获取所需信息；课程详情页提供了全面的课程介绍和学习材料，视频教程具有多种播放功能，互动课件增强了学习的趣味性；学习进度的自动跟踪和作业提交功能，让用户可以清晰地了解自己的学习情况，并得到及时反馈；社区分享平台鼓励用户展示作品和交流心得，而个人中心则集中了用户的学习历史和收藏，此外，设置与帮助部分确保用户能够轻松管理个人信息和获取必要的支持；设计者在整个原型设计中注重用户体验，确保流程直观易懂，同时在每个环节收集用户反馈，以不断优化和提高服务质量，如图 6.15 所示。

用户测试：根据用户的反馈，设计者对交互流程进行了优化，增加了视频课程内容，确保视频课程覆盖更广泛的美育主题，视频教程被细分为易于跟随的步骤，

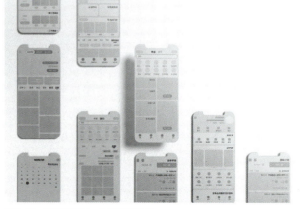

图 6.15 "启慧美育 App"的原型设计

并与相应的材料包精确对应，以便用户能够同步学习；设计者还强化分享功能，激励用户通过社区空间和社交平台展示自己的作品和学习成果。

（4）交付阶段

品牌设计：品牌色彩设计、LOGO 设计、图标设计等，如图 6.16 所示。

界面设计：为了创造直观、友好且富有教育意义的用户体验，首页以清晰的布局和吸引人的视觉效果迎接用户，提供关键功能快速入口和个性化推荐；课程详情页展示全面的课程信息，配备高质量的封面图和预览视频，并通过明确的"开始学习"按钮引导用户；播放页专为视频课程设计，配备易于操作的视频播放器和互动环节，以提升用户的学习体验；画廊页面是一个视觉吸引空间，展示学生作品，鼓励社区参与；个人中心简洁明了，用于管理个人信息和学习进度；通用设计元素如统一的配色方案和字体，增强了品牌的一致性，而响应式布局确保了用户在不同设备上均有良好的体验；辅助功能如夜间模式和字体大小调整，考虑到了不同用户的需求；底部导航栏或侧边菜单设计，则使用户在不同页面间的切换变得轻松，如图 6.17 所示。

情感化设计：设计者创造了一个由 5 种动物组成的 IP 形象家族，它们分别是智慧勇敢的狮子、聪明伶俐的猴子、刚毅果敢的梅花鹿、小巧灵活的刺猬和优美浪漫的火烈鸟，如图 6.18 所示；每一种动物与不同的名称和代表科目结合，突出了品牌的个性和故事性。

图 6.16　"启慧美育 App"的品牌设计

图 6.17　"启慧美育 App"界面设计

这些生动的 IP 形象不仅在 app 界面设计中扮演着引导和激励的角色，还被应用到品牌延展设计中，加深产品与用户的情感联系，如图 6.19 所示。

3. 教师点评

党的二十大报告提出："加快建设高质量教育体系，发展素质教育，促进教育公平。""启慧美育 App"以科

图 6.18 "启慧美育" IP 形象设计

图 6.19 "启慧美育" 品牌延展设计

技赋能乡村教育，贯彻乡村振兴战略，为乡村儿童提供高质量的美育资源。该平台通过在线课程和互动教学，有效增长用户的知识并提升用户的能力，同时融入情感化设计和本土文化特色，增强学习体验和文化自信。"启慧美育 App"不仅促进了教育公平，还推动乡村文化与经济社会的全面发展，是乡村教育创新的优秀范例。

二、"健康中国"主题

案例一： 冠心病医患沟通项目设计

设计：张明茹、刘怡慧、谭卓、熊承慧

指导：康帆、于肖月、陈耀（心脏内科医生）、苏曼（"即时设计"企业导师）

1. 项目简介

该项目专为冠心病患者和医疗人员设计，以提升冠心病的健康管理和治疗效果；利用 AR 技术，将复杂的医学信息进行可视化展示，帮助患者深入理解自己的病情和治疗方案；通过个性化健康指导、实时医患互动、健康管理手册，不仅提高了医患沟通的效率，还增强了患者的自我管理能力。

2. 设计过程

（1）发现阶段

项目背景：冠心病的高发病率和死亡率凸显了实现全民健康目标的紧迫性，公众对高质量医疗服务的需求激增，却面临医疗资源紧张和专业医护人员短缺的现实挑战；健康教育的不足与人们对健康知识增长的需求形成对比，而技术进步虽带来了新机遇，也引发了信息整

合和准确性的新挑战；老龄化社会加剧了疾病负担，传统医患沟通模式未能满足患者对平等交流的需求，临床治疗的复杂性与患者理解力的差异，进一步凸显了医患沟通的难题。

　　用户研究：利益相关者包括冠心病患者、家属、医护人员、医疗机构管理者等，为深入了解医患沟通的现状与需求，设计者综合运用了实地调研法、观察法、问卷法、访谈法和焦点小组等研究方法进行用户研究，如图 6.20 和表 6-2 所示；通过实地了解医疗环境，观察医患之间的实际互动，借助问卷收集患者和医护人员的满意度和偏好等定量数据；深度访谈揭示了双方对沟通过程的看法与建议，而焦点小组则集中探讨了团队成员共同关心的问题，提供了更深层次的见解。

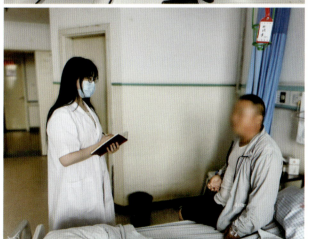

图 6.20　观察法

　　基于以上用户调研，设计者创建了同理心地图和用户画像，如图 6.21 所示，进一步分析冠心病患者在医患沟通中的痛点与需求。

表 6-2　门诊观察记录表

观察信息	观察记录
接诊基本信息	1．接诊人数为 78 人，平均每位患者的交流时间在 5～10 分钟 2．患者大多是中老年人，少部分为年轻人，以复诊患者居多
接诊内容	1．在病情陈述中，多数患者及家属对药理知识了解不多，不知道应当在什么时间吃药；部分患者认为药物效果不好、自身情况好转，主动断药 2．有的患者盲目记录了血压变化，但不清楚正常范围，不知道如何判断是否需要及时就医 3．患者在出院之后不知道需要注意自身哪些变化，因而忽略了一些重要表现，导致病情变化 4．多数患者对医生要求的检查项目提出了疑问，不知道为什么要做检查，不知道这些检查对自身病情有什么作用 5．有些患者出院之后不清楚有哪些饮食禁忌，导致加重病情或影响药物治疗效果

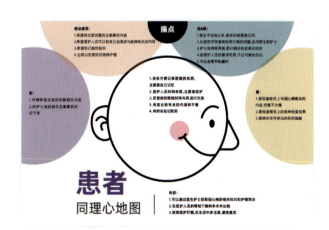

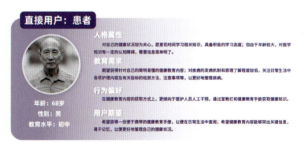

图 6.21　患者同理心地图与用户画像

（2）定义阶段

　　问题陈述：通过梳理冠心病患者的用户旅程图（如图 6.22 所示），设计者发现医护人员与患者之间存在显著的信息不对称问题，加之医生在繁忙的临床工作中面临时间限制，使医患沟通不充分，影响患者对

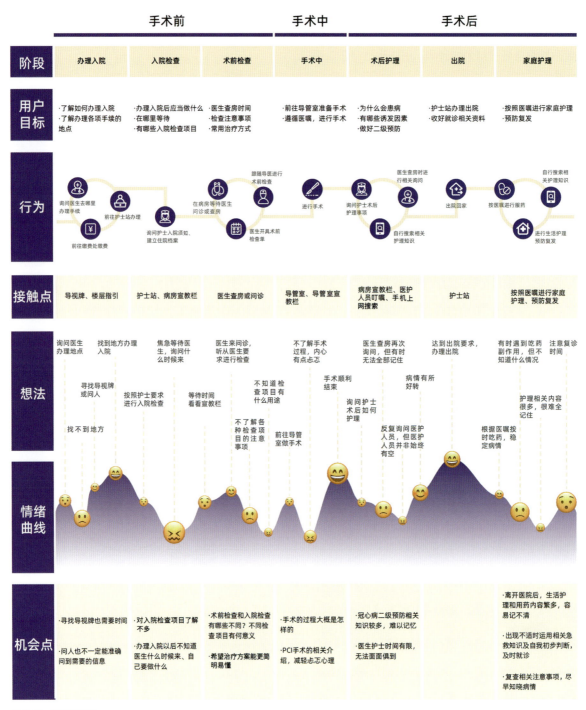

图 6.22　用户旅程图

疾病和治疗方案的了解，从而减弱治疗依从性和健康成效。

　　设计简介：该项目是一个全面、动态的解决方案，旨在通过患者教育手册、医患沟通 PAD 端和健康科普手机端三大模块，提升患者对冠心病的认知，加强医患间的有效沟通，并提供实时的健康科普信息——患者教育手册涵盖冠心病的基础知识、诊断治疗、术后护理及生活方式调整等内容；医患沟通 PAD 端提供了一个交互式平台，允许实时交流，展示病历信息，并通过教育视频和动画帮助患者了解疾病；健康科普手机端则通过 app 提供个性化健康建议，连接智能设备追踪健康数据，并提供紧急求助功能。这三大模块考虑到了不同人群的特点，定制化沟通方式，优化了信息传递，确保了信息的可读性和易接受性。

（3）开发阶段

信息架构：该项目旨在针对不同人群的使用场景和媒体接受特征，进行多渠道和多模块的交互设计，以加强患者对冠心病的了解和提升患者的自我管理能力；患者教育手册针对患者在就医过程中的困惑，主要以图表形式展现术前指南和术后护理内容，如图 6.23 所示；医患沟通 PAD 端的设计专注于问诊过程，旨在通过提供病理和手术原理的视频及动画，辅助医护人员向患者讲解复杂的医学知识，如图 6.24 所示；健康科普手机端则聚焦于个性化冠心病科普知识推送、健康数据追踪和紧急求助功能。

交互设计：为了设计医患沟通 PAD 端的交互原型，设计者对面向医生的 PAD 端 app 进行了用户任务流程分析（如图 6.25 所示），并在此基础上创建了 PAD 端的中保真原型（如图 6.26 所示）；此外，还对面向患者的手机端进行了交互原型设计（如图 6.27 所示）。

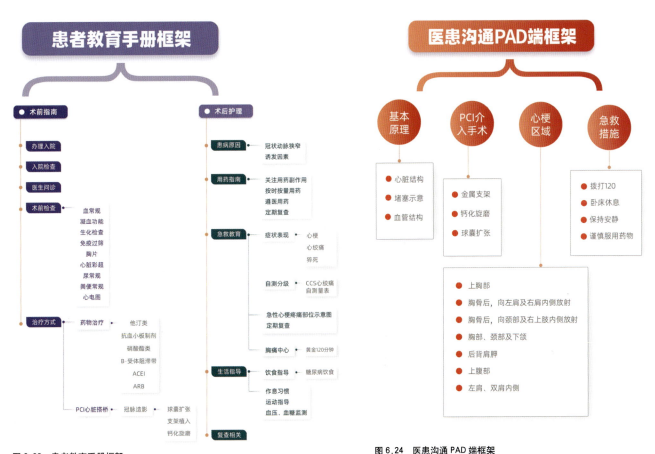

图 6.23　患者教育手册框架

图 6.24　医患沟通 PAD 端框架

图 6.25　用户任务流程图

图 6.26　PAD 端的中保真原型

图 6.27　手机端交互原型设计

用户测试：设计者对冠心病患者与医护人员进行了可用性测试和访谈，根据用户测试结果进一步优化了交互原型；在用户测试中，患者希望患者教育手册以图表、图像和动效的生动方式进行可视化展示，将复杂的医疗流程和健康概念变得简单易懂，一目了然，医生希望利用点击、滑动等操作来控制心脏工作原理、心脏手术的信息展示。

（4）交付阶段

设计者对品牌形象进行了统一（如图 6.28 所示），通过患者教育手册设计、AR 交互设计、app 界面设计等内容提高了医患沟通的效率和质量。患者教育手册通过精心编排的图表和文字，确保患者能够轻松理解冠心

图 6.28　品牌形象设计

图 6.29　患者教育手册设计

病的相关知识（如图 6.29 所示）。医患沟通 PAD 端与手机端的 AR 交互设计通过创新的技术手段，使患者能够通过 AR 模型深入了解冠心病病理和手术过程，从而提高对冠心病的认知，确保患者能够获得准确、易于理解的医疗信息（如图 6.30 所示）。app 界面设计则进一步优化用户体验，提供了一个直观、易用的平台，让患者能够随时随地获取个性化的健康建议和急救帮助（如图 6.31 所示）。

图 6.30　医患沟通 PAD 端与手机端的 AR 交互设计

扫码观看AR演示视频

图 6.31　app 界面设计

技术开发：在该项目中，设计者选择使用平面 AR 技术，在专业医生的指导下通过 Blender 创建了仅保留主要的冠状血管的 3D 心脏模型，并在 Unity3D 中实现了与患者教育手册图片对应的 AR 识别。3D 心脏模型使用了 Unity3D 的 Input.touchCount 和 Transform.Rotate 来处理触控和模型旋转，通过 Input.GetTouch 来获取触摸信息，并利用 Transform 进行模型变换，如图 6.32 所示。

图 6.32　AR 交互设计与技术开发

用户测试：设计者采用问卷与访谈的形式进行用户测试，结果显示访谈对象中多数患者及家属对患者教育手册的阅读体验、满意度都是比较好的，他们对患者教育手册的知识的理解相较于原本认知也有一定的提高，并认为患者教育手册能在某些方面切实有效地帮到自己，让自己意识到需要注意哪些健康问题，对自己的就诊过程、后续护理及日常生活调养起到了积极作用；移动端的知识可视化也让文化水平不高的访谈对象能够较为简单清晰地了解疾病相关知识，同时 AR 技术的运用结合医生的讲解，对患者直观了解自身身体情况及治疗结果也起到正向作用，如图 6.33 所示。

3. 教师点评

党的二十大报告提出："把保障人民健康放在优先发展的战略位置，完善人民健康促进政策。"该项目紧密围绕"健康中国"主题，通过细致的用户调研，准确把握了目标用户群体的需求，确保了设计的针对性和有效性。在不同媒体的融合方面，该项目展现出了创新性，将信息可视化设计、图标图表设计、3D 建模、app

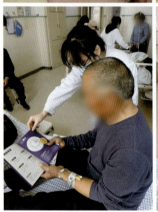

图 6.33　用户测试

设计和 AR 技术有机结合，提升了信息传递的效果和医患沟通体验。在用户测试阶段，设计者积极收集反馈，快速响应并实施有效改进措施，显示出了良好的用户导向性和敏捷性。

案例二：　乡村女童生理健康科普平台设计

设计：秦梦茹、陈慧莹、叶璟茜、张聪颖

指导：康帆、韦唯、苏曼（"即时设计"企业导师）

1. 项目简介

乡村女童生理健康关爱计划是一个致力于改善乡村地区女童生理健康和心理健康的公益项目。通过开发专门的 app，设计者提供了易于理解的生理健康知识，帮助女童正确认识和处理月经等生理问题。此外，该项目联合企业为乡村女童免费派发必要的卫生用品，确保她们在生理期能够获得基本的卫生保障。

2. 设计过程

（1）发现阶段

项目背景：月经羞耻是一个全球性的问题，即一些女性在谈论或处理月经时感到尴尬或羞耻；在乡村地

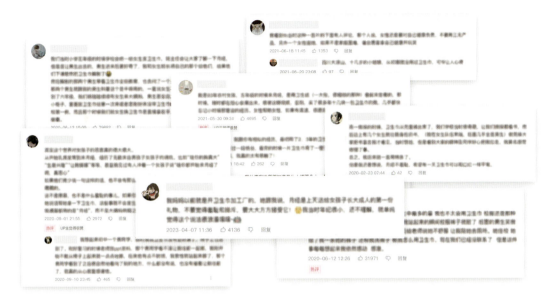

图 6.34　相关网络言论

区，这种倾向可能更为严重，因为那里的教育资源相对匮乏，加之留守女童缺少母亲的直接指导和教育，她们可能更加缺乏生理健康方面的知识。

研究方法：通过内容分析法，设计者从网络平台收集关于月经的言论，分析网上的普遍看法和感受趋势（如图 6.34 所示）；通过访谈法，设计者选择具有代表性的人群进行深度访谈，设计开放式问题，鼓励访谈对象分享个人体验，通过撰写和定性分析访谈内容，挖掘更深层次的感受和观点。

（2）定义阶段

问题陈述：乡村女童面临的月经羞耻问题根源于深层文化和社会观念，这些观念将月经视为不可言说的秘密，导致女童在处理这一自然生理现象时感到羞耻和不适；教育资源的匮乏使学校无法提供必要的生理健康课程，而留守女童又缺少母亲的指导，缺乏对自身变化的正确理解；此外，经济和基础设施的限制进一步加剧了卫生用品获取的困难，使女童在生理期难以保持个人卫生。

设计简介：该项目旨在为乡村女童提供一个全面、友好的生理健康科普平台，通过科学、准确的信息，帮助她们克服月经羞耻，增强自我保健意识；"蜜果 App"以温馨、安全的界面设计，结合绘本、视频、游戏等多种形式，确保信息传递的直观性和易接受性。

这款 app 的主要内容框架如下。

生理知识教育：提供关于女性生理周期、月经卫生等的基础知识，帮助女童科学认识自身的生理变化。

健康指南：包含月经期间的个人卫生管理、饮食建议、运动指导等实用信息，确保女童在生理期的健康。

心理支持：通过在线咨询服务，为女童提供心理慰藉，帮助她们应对可能遇到的心理困扰。

用品申领：与慈善机构合作，为有需要的女童提供卫生用品的申领服务，确保她们在生理期的基本需求得到满足。

社区交流：建立一个安全的社区交流平台，让女童能够分享经验、相互支持，增强社区归属感。

（3）开发阶段

站点地图："蜜果 App"的站点包括生理知识教育模块，为女童提供关于生理周期和月经卫生的基础知识；健康指南模块，涵盖个人卫生管理、饮食建议和运动指导；心理支持模块，通过在线咨询服务帮助女童解决心理困扰；用品申领模块，与慈善机构合作，确保女童能够获得必要的卫生用品；社区交流模块，建立了一个安全的平台让女童分享经验、相互支持，如图 6.35 所示。

在站点地图的基础上，设计者还使用即时设计进行了交互原型设计，如图 6.36 所示。

（4）交付阶段

品牌设计：品牌色彩采用秘果紫、活力黄和甜蜜粉，以符合女童的心理特征；图标采用轻质感风格与产品定位相得益彰；字体运用苹方字体（中文）和"Arial"字体（英文），符合充满可爱元素的页面；LOGO 则以草莓为创意，象征着纯粹与美好，同时寓意着勇敢追求的精神，如图 6.37 所示。

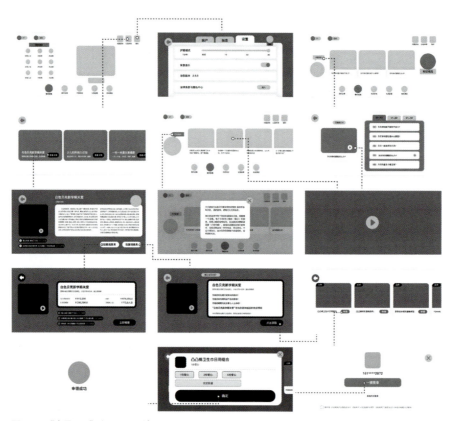

月经由来、初潮注意事项等科普视频　视频入口 ──── 月经传说 ──── 我的朋友　答题获得金币

介绍月经的定义　月月是谁 ── 月经传说 ── 我的收集 ── 问题咨询　医生解答、一对一咨询、多人咨询

介绍世界各地女孩的故事　视频入口 ── 女孩故事 ── 公益申领　女童生理公益项目介绍、捐赠、领取物资入口

科普女性身体的特点　视频入口 ── 身体奥秘 ── 我的　设置、用户信息、学习报告

答到　签到赢金币

视频入口　常见女童生理问题科普视频

疑问乐园 ── 知识挑战　答题巩固知识环节

查看详情　全部常见问题视频列表

图 6.35 "蜜果 App"的站点地图

图 6.36 "蜜果 App"交互原型设计

色彩规范 .

品牌色彩富有多元化，年轻且有活力，减轻了用户的记忆负担，优化了界面的美观程度，使整体视觉更具有冲击力和张力，保证字体、标签风格、颜色、图标等方面的一致性。

字体规范 .

中文字体使用了常用的单方字体，英文字体使用了一款免费的商业字体"Arial"，这款字体圆润端正，符合充满可爱元素的页面。

中文字体　　　　　　英文字体

秘果　　　　Aa

PingFang SC　　　　Arial

图标规范 .

在保证图标辨识度的基础上，采取轻质感风格，符合产品富有童趣、可爱的风格定位。

我的收集　疑问乐园　月经传说　女孩故事　身体奥秘

图 6.37 "蜜果 App"的品牌设计

app图标 .

原型来源于app名称"秘果"中的"果"

LOGO本身的形状是一个红色的、甜甜的心形，代表着最纯粹、最美好、最真的心。

草莓有勇敢追求的寓意，代表着勇于追求才能取得成功。

情感化设计：通过引入小女孩小蜜和草莓果果，创建了独特的 IP 形象，使品牌更加生动和亲切；表情包的设计不仅为 app 增添了趣味，还提供了一种直观的情绪反馈机制，帮助用户以轻松的方式表达自己的感受；这两个角色作为 app 的向导，引导用户了解和探索各个功能模块，如生理知识教育、健康指南和心理支持等，如图 6.38 所示。

界面设计：巧妙地融入了游戏化元素，旨在以一种轻松愉悦的方式引导用户了解月经这一生理常识，有效缓解她们可能面临的焦虑心理；通过结合教育内容与游戏机制，"蜜果 App" 不仅提高了用户的参与度并增强了其学习兴趣，还通过个性化的学习路径和正向反馈激励用户持续探索，如图 6.39 所示。

图 6.38　"蜜果 App" 的 IP 形象设计

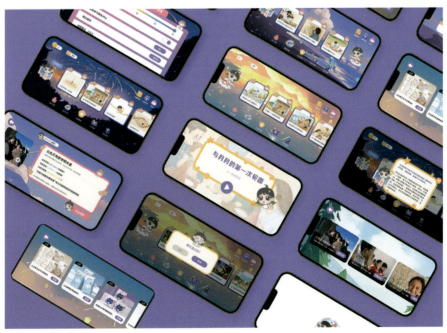

图 6.39　"蜜果 App" 的界面设计

案例三： 针对老年人的反诈平台设计

设计：郑泽熙、朱昊天

指导：康帆、于肖月、苏曼（"即时设计"企业导师）

1. 项目简介

"智鸮反诈App"是专为老年人设计的"防护工具"，针对他们经常面临的低价旅游、保健品诈骗等，提供一个自动识别骗术、推送防骗信息的综合平台。"智鸮反诈App"通过智能技术帮助老年人辨识诈骗风险，并在大额交易时向其子女发送提醒，加强了安全监管。它的界面设计考虑到了老年人的使用习惯，采用大字体和高对比度颜色，简洁直观，易于操作。此外，"智鸮反诈App"包含教育视频、文章和社区互动功能，提供易于理解的防诈骗教育知识，鼓励老年人分享经验，互相提醒。紧急联系和求助功能可以确保老年人在遇到诈骗时快速获得帮助。

2. 设计过程

（1）发现阶段

项目背景：随着全球人口老龄化的加剧和社会科技的快速发展，老年人诈骗问题日益成为一个严峻的社会问题；诈骗手段不断演变，特别是网络诈骗和电信诈骗等新型犯罪手法层出不穷，利用老年人对新技术不熟悉的特点，对他们进行心理操控和情感诱惑，加之当前对老年人的防诈骗教育和预防措施相对不足，使他们在缺乏有效保护的情况下面临更高的风险；老年人可能因为孤独、对健康和经济安全的担忧，以及对熟人的信任，成为诈骗的受害者。

研究方法：设计者使用访谈法深入了解老年人容易信任他人的场景及成年子女对父母可能遭受诈骗的态度，明确研究目的并设计访谈指南，挑选具有不同背景的老年人及其子女作为访谈对象；在建立信任关系的基础上，在安静私密的环境中进行访谈，记录老年人在社区活动、健康讲座、电话营销等场景下的信任行为，以及子女对父母可能被骗的担忧和预防措施。

（2）定义阶段

问题陈述：老年人群中普遍存在的问题是，他们在遭遇诈骗后往往因为羞愧、保护自尊或不愿给家人添麻烦而不愿意分享受骗经历，他们对社区和熟人有过度的信任，容易受到从众心理的驱动，错误地认为多数人参与的活动或购买的产品就不可能涉及诈骗；这种心理

使他们在诈骗面前缺乏警觉，更易成为诈骗的受害者；子女通常在诈骗发生后才得知情况，面对这样的情况，子女需要在表达关心和提供支持的同时，避免对父母进行苛责，以免对他们造成额外的心理负担。

设计简介：这是一款专为老年人及其家庭设计的反诈骗app，其宗旨在于提供一个安全且具有教育意义的环境，以增强老年人对诈骗的警觉性和识别能力；"智鸮反诈App"具备诈骗自动识别功能、丰富的教育资源、安全的社区交流功能、一键紧急联系功能、大额交易自动提醒功能、心理咨询服务等，同时注重用户界面的简洁直观和高可读性，确保老年人易于操作；"智鸮反诈App"的核心目的在于提升老年人的诈骗识别能力，纠正他们对社区和熟人的过度信任，以及解决从众心理带来的风险认知偏差，同时为老年人的子女提供策略，帮助他们以恰当的方式与父母沟通并为其提供支持。

（3）开发阶段

站点地图：首页提供了最新的诈骗警示；诈骗识别模块会实时监控并提醒用户可疑活动；教育资源模块收集了视频、文章和案例分析，帮助用户学习防诈骗知识；社区交流模块允许用户分享经验并接收社区通知；紧急联系模块提供了快速拨打预设联系人电话和发送求助信息的功能；大额交易监控模块则让用户能够追踪和评估消费行为。图6.40是基于站点地图的"智鸮反诈App"的交互原型设计。

（4）交付阶段

品牌设计：设计者选择蓝色作为品牌色彩，并以猫头鹰为原型设计LOGO，展现出专业、可靠和智慧的品牌形象；蓝色代表着信任和忠诚，而猫头鹰象征着智慧和警觉，两者结合，可以创造出一种既专业又亲切的视觉效果，如图6.41所示。

情感化设计：设计者以猫头鹰为app的IP形象，打造了一个既智慧又警觉的角色；由于主要用户为老年人，设计者为猫头鹰的形象赋予了友好、慈祥和守护的品质，使其成为老年人信赖的虚拟朋友，如图6.42所示。

界面设计："智鸮反诈App"采用温和的色彩和简洁直观的操作设计，适应老年人的视觉和操作习惯；此外，提供定制化的内容，包括防诈骗指南、安全提示，以及紧急联系功能，确保老年人能够在需要时快速获得帮助，如图6.43所示。

图 6.40　"智鸮反诈 App"的交互原型设计

图 6.41　"智鸮反诈 App"的品牌设计

图 6.42 "智鸮反诈 App"的 IP 形象设计

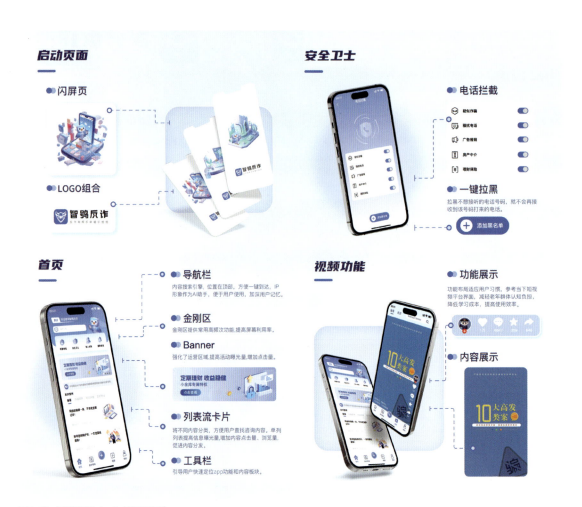

图 6.43 "智鸮反诈 App"的界面设计

第四节　车载 HMI 专题

1. 车载 HMI 概述

车载 HMI 也叫"智能汽车系统"，是在汽车内部安装的一套智能系统，它通过触摸控制、语音控制、手势识别等技术，让用户能够更加方便地控制汽车；同时提供导航、音乐、电话、互联网等信息和娱乐功能，以提高驾驶的安全性和舒适度。

2. 车载 HMI 设计原则

车载 HMI 设计应遵循"3 秒设计原则"，确保用户在 3 秒内完成操作或获取必要信息，从而减少对驾驶的干扰。此外，车载 HMI 应自动在明亮模式和黑暗模式之间切换，以适应不同的光线条件，优化显示效果（如图 6.44 所示）；同时，需要实时反馈当前车辆状态和系统信息，以便用户随时了解车辆情况，提高驾驶的安全性。

【车载 HMI 设计原则】

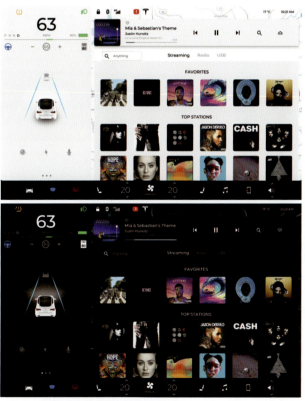

图 6.44　车载 HMI 的明亮模式和黑暗模式示例

3. 车载 HMI 设计内容

车载 HMI 由功能元素（如平视显示器和仪表盘等）及提供有效驾驶体验的不同交互方式（如触摸、语音、

眼球运动等）组成，通常包括显示屏、触摸屏、语音识别系统、按钮、旋钮和其他输入设备。行车时所需的车况信息、路况信息与主要驾驶任务多以仪表盘为载体呈现；驾驶以外的辅助信息、外界信息与次要驾驶任务多以中控屏为载体呈现（如图 6.45 所示）；而 HUD 抬头显示则承载了部分车况信息、路况信息，以及辅助信息等。

图 6.45　中控屏示例

此外，设计者在进行车载 HMI 设计时应注意对用户需求进行分析，关注汽车的性能要求、造型姿态、功能等，以及通过竞品分析制定差异化的产品策略，吸引目标用户群体；还应考虑不同年龄段和具有不同技能水平的用户的需求；由此，许多汽车制造商都在开发更加智能化和个性化的车载 HMI，以提升驾驶员和乘客的体验。

（1）仪表盘设计

仪表盘的 UI 元素设计通常涉及车速、发动机转速、燃油或电池状态、行驶里程、导航信息、警示信息、车道偏离警告、巡航控制状态、外部温度、车门状态、驾驶模式选择及提醒和通知等，如图 6.46 所示。这些 UI 元素通过数字化和可定制化的显示方式集中呈现，确保信息的清晰可读和操作的灵活性，为用户提供全面、即时的车辆状态和驾驶支持。

（2）中控屏界面设计

中控屏界面设计涉及多个关键内容，包括主界面布局、导航系统、仪表盘与信息显示、媒体控制界面、空调与环境控制、导航与地图显示、通信与电话、车辆设置与控制、安全与辅助驾驶功能、个性化与主题设置、语音控制界面，以及更新与维护信息，如图 6.47 所示。设计者在设计时须确保界面布局清晰、功能直观，确保用户在驾驶时能快速找到所需功能，同时注重信息的可读性和操作的便捷性。

（3）HUD 抬头显示

HUD 抬头显示的 UI 元素设计通常涉及车速、导航信息、警示信息、交通标志识别、巡航控制状态、辅助驾驶信息、燃油或电池状态、转向灯状态、当前挡位显示，以及简单的音乐和电话通知。这些 UI 元素在 HUD 抬头显示中须合理布局，确保信息清晰易读，不会分散用户的注意力，提供及时有效的驾驶支持，同时保证驾驶安全。

图 6.46　仪表盘示例

图 6.47　中控屏界面示例

4. 学生设计作业范例

案例一：　"意·境"　车载系统界面设计

设计：秦梦茹

指导：韦唯

（1）项目简介

"意·境"车载系统界面设计融合了人性化理念和中国美学，旨在创造既美观又实用的用户体验。整体设计简洁直观，减轻用户的认知负担，同时从中国山水画中汲取灵感，将自然景观的宁静与深远融入视觉元素，提高驾驶品质并增强驾驶愉悦感。界面设计中加入了定制化节日主题，如春节、端午节、中秋节等，增强了驾驶的趣味性和仪式感。智能驾驶 AI 助手"Wiki"的引入，为驾驶过程提供信息支持、建议，同时在必要时安抚和陪伴车内人员，提升了驾乘体验（如图 6.48 所示）。

（2）设计构思

"意·境"车载系统界面设计确保了界面的直观易用，以清晰高效的信息传递保证用户的驾驶安全。个性化定制允许用户根据个人喜好调整界面布局和皮肤主

图 6.48　"意·境"车载系统界面设计

图 6.49　"意·境"车载系统的图标设计

题，同时，除了传统的触摸屏，"意·境"车载系统增加了语音交互功能以提升用户体验；在视觉设计上，融入中国美学，以中国山水画元素展现自然之美，增添艺术魅力，加入定制化节日主题为用户带来不同节日的视觉享受，增强驾驶的趣味性和仪式感；在功能设计上，引入智能驾驶 AI 助手"Wiki"，不仅能提供情感交流和信息服务，还增强了驾驶的互动性和娱乐性。实时信息显示和智能推荐服务，如车辆状态、路况信息、导航指引及基于用户偏好的个性化推荐，进一步促进了用户体验的个性化和智能化。

（3）图标设计

在图标设计中，识别性是至关重要的原则，它确保图标能够准确传达其隐喻意义，让用户在第一眼就能识别出图标所代表的信息。此外，图标的一致性也同样重要，包括图标的造型规则、圆角尺寸、线框粗细、样式和细节特征的统一，以确保图标在视觉上的协调一致。在遵循这些原则的基础上，根据应用场景的不同，设计者选择了相应的图标绘制方式。例如，在应用中心，采用了轻质感图标风格，这种风格介于扁平和拟物之间，通过艺术处理简化了物理环境的还原，既保持了图标的质感，又提高了其识别度。这样的设计使用户在驾驶过程中能够迅速识别并找到所需功能，从而在保障驾驶安全性的同时，提升了用户体验，如图 6.49 所示。

（4）界面设计

在"意·境"车载系统中，仪表盘的创新设计取代了传统电气化仪表盘设计，其显示屏不仅呈现了车辆行驶、状态及辅助信息，还考虑了特殊位置对视线的影响，避免转向盘遮挡。显示屏的抬高和控件的合理布

局，确保了用户在不分散注意力的情况下获取信息。仪表盘设计采用理想 ONE 车尾灯的"对钩"形状和星河元素，通过不规则进度条动态展示速度和功率变化，同时提供运动模式和驻车模式，分别突出速度、效率信息和沉浸式娱乐体验，如图 6.50 所示。

中控屏作为"意·境"车载系统的核心，集成了功能模块和娱乐系统。其设计坚持"安全为首，驾驶先行"的理念，将重要信息放置在易于触达的位置，根据用户

图 6.50　"意·境"车载系统的仪表盘界面设计

操作习惯，将界面分为最佳交互区、可触控区和最差交互区（如图 6.51 所示）。

图 6.51 "意·境"车载系统的中控屏界面设计（一）

导航信息的快捷选择和常用功能的收藏，减少了操作步骤，提高了交互效率。座椅调整和空调界面的"所见即所得"设计，降低了学习成本，实现了即时反馈，如图 6.52 所示。

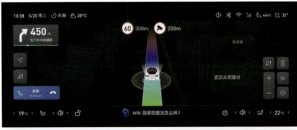

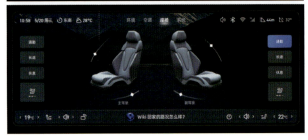

图 6.52 "意·境"车载系统的中控屏界面设计（二）

副驾娱乐屏专为副驾驶提供娱乐内容，根据用户的交互习惯，将菜单栏放置在便于右手操作的右侧，提供音乐、影视、游戏等功能。音乐播放页面保持与手机界面的一致性，降低了用户的学习成本，同时提供高度的自主选择权和控制权，如图 6.53 所示。

图 6.53 "意·境"车载系统的副驾娱乐屏界面设计

（5）情感化设计

"意·境"车载系统界面设计提供了多样化的节日主题限定皮肤，使用户能够根据个人喜好浏览和选择不同的节日主题，如端午节、七夕节、中秋节等。这样的设计不仅让用户在驾驶过程中感受到节日的氛围，而且增强了用户的个性化表达和使用体验，加强了用户与车辆的互动和仪式感，如图 6.54 所示。节日主题限定皮肤尽管增添了丰富的视觉效果，但在设计上依然保留了车辆实时显示路况、测距等关键技术信息的功能，确保了在提供个性化体验的同时，不降低车辆的实用性和安全性。

图 6.54 "意·境"车载系统的节日主题限定皮肤设计

图6.54　"意·境"车载系统的节日主题限定皮肤设计（续）

案例二：　"蔚来 ET7" 车型的车载系统界面设计

设计：何佳

指导：石钰

（1）项目简介

该项目以智能电动汽车公司蔚来发布的"蔚来ET7"车型为例，展开对车载系统界面的设计研究；基于智能驾驶的背景，从用户体验、操作安全性的角度出发，增强系统的可用性、安全性，以新能源汽车轻盈极简的调性为切入点，并结合蔚来的品牌理念，以"极境·无界"为设计主题，展现蔚来汽车作为新能源引领者对科技无止境的探索。

（2）设计内容

该项目以中控屏和仪表盘为主要设计研究对象，绘制了车载系统界面设计信息架构思维导图（如图6.55所示），系统梳理了车载系统界面设计的内容。

（3）车载系统界面设计

① 中控屏界面设计分析（如图6.56所示）。

在设计过程中，设计者将驾驶相关的功能卡片置于中控屏主页，便于用户阅读与操作；在屏幕正下方设计了快捷小组件，配合用户完成多种使用场景。

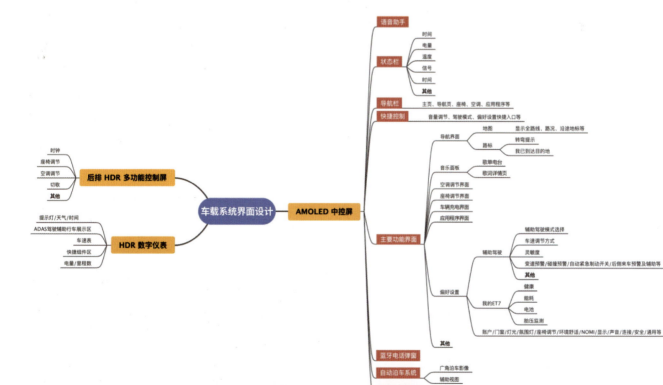

图6.55　车载系统界面设计信息架构思维导图

导航界面单独采用道路拥堵弹窗与来电弹窗，将发光磨砂玻璃质感按键与同色系底光结合，增强了界面氛围感。导航路线提示信息与交互按钮控件居左侧，聚焦视线的同时，方便用户阅读与操作，提高驾驶安全性；车辆状态控件吸底，保障地图空间最大化，而地图以3D效果呈现，使用户操作更具沉浸感。

歌词详情界面采用磨砂玻璃质感，使界面更通透；歌单电台以矩形划分内容，清晰整合不同模块，方便用户快速检索，提高操作效率。

座椅调节界面采用滑杆调节的设计，立体视图更加直观，按钮普遍居左，方便用户操作；用户还可以通过快捷按钮进入一键睡眠模式，提高操作便捷性。

空调调节界面以沉浸式为主，采用可视化设计，实景化信息呈现，降低用户视觉负荷，便于用户理解和操作，降低用户操作理解成本，提升用户体验。

设置界面中，通过线性构图反映胎压监测情况，更直观地向用户传达车辆实时状态。

② 仪表盘界面设计分析。

仪表盘是用户在使用车辆时，查看频率较高的区域，是关乎驾驶安全和驾驶氛围的重要因素（如图6.57所示）。在设计时，保证信息高效读取成为最重要的设计目标。

在仪表盘界面设计中，设计者基于"蔚来ET7"车型仪表盘的实际尺寸，以"极境·无界"为设计主题，融合现代科技感，将科技感路面与远山结合，营造场景氛围；突破传统的指针式仪表盘样式，把镜面元素作为车速的表现形式，其创新性的氛围营造，为用户带来更加愉悦的驾驶体验。

仪表盘的中心区域会根据用户不同的使用情境，如车辆充电状态、自动驾驶状态、停车状态等，呈现相应的信息；场景化的搭建，既可以降低用户学习成本，又可以清晰直观地呈现车辆信息。仪表盘的右侧为快捷卡片区域，用户可以根据需求自由切换；左侧为车辆当前行驶速度、挡位及电池输出功率信息的呈现区域。仪

图6.56 "蔚来ET7"车型的中控屏界面设计

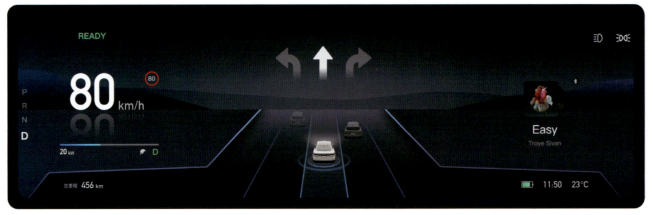

图6.57 "蔚来ET7"车型的仪表盘界面设计

表盘的上方有车辆状态指示灯和车辆警示指示灯等显示，如远光灯指示灯、转向灯指示灯、发动机故障指示灯等；下方则为电池电量、时间温度等实时信息的显示区域。

基于智能驾驶背景，设计者在 ADAS 高级驾驶辅助系统设计中，将红色（#D42237）设为一级预警颜色标识，将黄色（#F88800）设为二级预警颜色标识，分别针对多个驾驶场景进行设计，如 ACC 自适应巡航系统、车道偏移报警系统、自动紧急制动系统、盲点探测等，对行驶路况信息进行实时场景化呈现。除了 ADAS，转向灯控制变道、安全带警示及手握转向盘警示也将用此次预警颜色为用户传达信息（如图 6.58 所示），从视觉层面，提高用户接收信息的效率及反应速度，从而增强驾驶的安全性。

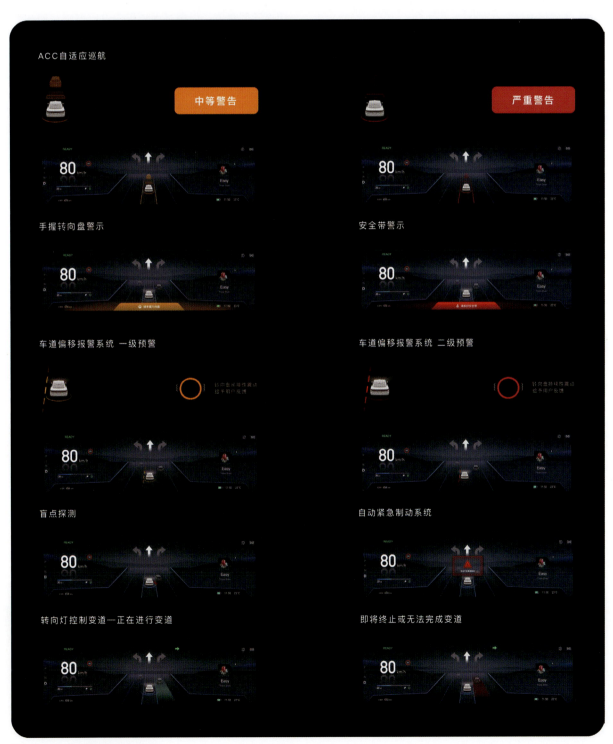

图 6.58　针对不同场景的仪表盘设计

为了迎合蔚来品牌理念，设计者还设计了新能源主题皮肤（如图 6.59 所示），以白蓝色为主色，以云朵为视觉元素。此外，仪表盘背景以弧形为分界，划分上下层级信息，将上下层级隐喻为纯净的天空与地面，与蔚来公司创立以来一直秉持的"Blue Sky Coming，蔚来已来，是我们对美好未来和清朗天空的愿景"的初心呼应。相信在新能源快速发展的未来，天空将变得更加蔚蓝，地球的资源利用将进入更良性的循环。

（4）情感化设计

在智能驾驶背景下，随着多模态交互的广泛应用，设计者针对蔚来汽车智能语音助手"NOMI"进行了形象设计（如图 6.60 所示），"NOMI"的形态以圆形为主，在色彩搭配上，采用了蓝色和白色，是一个可爱并具有科技感的智能机器人，便于用户在视觉上快速接受和记忆。此外，设计者运用像素风元素进行表情包设计，贴合设计主题风格，展现智能与科技感。表情包包含开心、享受、倾听、专注、伤心等常见表情，可以满足日常交流中的基本情绪表达。"NOMI"可以通过用户指示切换不同表情，以更好地与用户进行情感互动，为用户带来情感化的视觉体验。

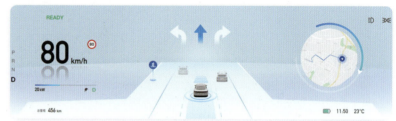

图 6.59　中控屏主页与仪表盘界面的新能源主题皮肤

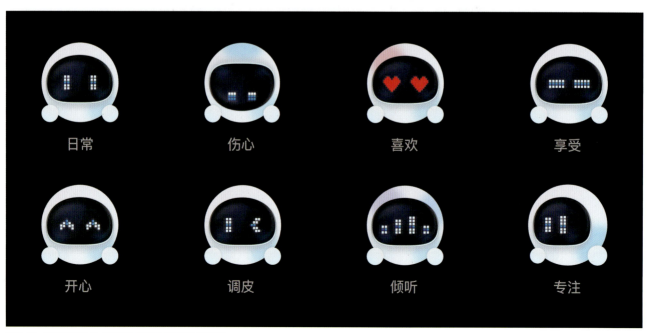

图 6.60　智能语音助手"NOMI"形象设计及表情包延展

结语

未来数字界面设计将聚焦于沉浸式体验、自然用户界面、个性化和自适应设计等关键趋势。随着 VR 和 AR 技术的发展，数字界面设计将更加注重沉浸感，并通过语音控制、手势识别等自然交互方式提升用户体验。个性化设计将依托 AI 和大数据，实现动态调整和智能化交互。同时，"无界面"概念逐渐兴起，可

【未来数字界面设计发展趋势】

以减少用户对视觉界面的依赖。数字界面设计还将关注可持续性与包容性，确保设计环保且适应不同用户的需求。动效和微交互在提升用户体验方面将继续发挥重要作用，而健康与福祉设计将成为新的关注点，通过数字界面帮助用户管理生活、提高生活质量。这些趋势将推动数字界面设计向更加智能、自然和人性化的方向发展。

附录

AI 伴学内容及提示词

序号	AI 伴学内容	AI 提示词
1	AI 伴学工具	DeepSeek、豆包、Kimi 助手、WHEE（图像生成平台）、即梦 AI（图像生成平台）
2	绪论　视觉设计师在互联网产品中的角色	视觉设计师在互联网产品中的核心职责有哪些
3		如何理解视觉设计与产品体验之间的关系
4		视觉设计师与交互设计师的角色有何不同
5		视觉设计师在项目初期、中期、后期分别承担哪些工作
6		为什么说视觉设计师的沟通能力也非常关键
7	第一章　数字界面设计概述	什么是设计思维？它为什么强调"以用户为中心"
8		如何通过"共情"阶段深入了解用户需求
9		设计思维如何推动跨学科团队合作
10		请举例说明在一个实际项目中如何运用设计思维改进用户体验
11		双钻模型的 4 个阶段分别是什么？各阶段的目标与方法有何不同
12		如何通过用户调研支持"发现问题"阶段
13		请比较双钻模型与瀑布开发模式在项目管理上的区别
14		如何在实际项目中灵活调整双钻模型的 4 个阶段的比例与时间分配
15		用户体验设计的五要素分别是什么？它们之间如何层层递进
16		请结合某款移动应用举例说明五要素在其中的体现
17		五要素模型如何帮助设计者增强系统性与提高决策效率
18		交互设计师与视觉设计师在设计流程中的工作内容有何不同
19	第二章　用户研究方法	用户调研的一般流程包括哪几个步骤
20		用户调研在设计前期的作用体现在哪些方面
21		为什么说用户调研能够降低设计风险
22		用户调研结果如何转化为设计策略
23		常见的用户数据采集方式有哪些
24		在界面设计中，如何合理运用定性与定量研究方法以提高设计决策的有效性
25		用户访谈的注意事项有哪些
26		在进行问卷调查时，应如何识别和避免数据失真的情况
27		用户画像的构建过程包括哪些关键步骤？如何确保其贴近真实用户
28		什么是同理心地图？它在用户调研中的实际价值体现在哪些方面
29		用户任务流程分析通常包括哪些阶段？每一阶段的重点是什么
30		设计者如何通过分析用户数据发现潜在的设计改进空间或创新方向
31		设计洞察的核心价值是什么？它在设计决策中扮演什么样的角色
32		如何从大量调研信息中提炼出影响用户体验的关键问题
33		在用户体验研究中，什么是"痛点"？应如何将用户痛点转化为具体的设计策略
34		设计洞察在创意生成阶段如何引导概念的发展与深化

序号	AI 伴学内容	AI 提示词
35	第三章 交互设计基础	信息架构在 app 设计中起到什么作用
36		在设计网站或 app 时，如何有效划分内容与功能模块
37		树状结构与标签结构分别适用于哪类信息
38		卡片分类法在界面信息归类中的实际应用方式有哪些
39		原型图和线框图在设计流程中的功能和呈现形式有何不同
40		低保真与高保真原型适用于设计流程中的哪些阶段
41		什么是交互流程图？它在用户体验设计中扮演什么角色
42		在构建原型界面时，哪些元素是表达交互逻辑的重点
43		原型测试的核心目的和评价指标有哪些
44		如何策划并执行一场高效的可用性测试
45		用户反馈在原型测试中如何获取与整理
46		A/B 测试在优化用户界面设计时的具体运作方式是什么
47		交互说明文档通常包含哪些核心要素
48		如何通过流程图直观呈现用户的操作路径与界面切换
49		UI 标注图与交互说明文档应如何协同工作以确保开发准确还原设计
50		为什么交互说明文档是设计方案交付过程中不可或缺的部分
51	第四章 品牌视觉设计	品牌视觉设计在数字产品中起到哪些关键作用
52		品牌调性如何影响界面的视觉风格设计
53		品牌视觉设计如何影响用户对品牌的第一印象与长期认知
54		品牌形象设计如何与用户建立情感联结
55		品牌定位对数字产品视觉系统的构建有何指导意义
56		品牌视觉识别系统的构成要素与功能是什么
57		如何构建具有高度一致性的品牌视觉体系
58		app 中的视觉识别系统应包含哪些核心设计元素？它们如何共同构建品牌印象
59		在 app 设计中，品牌视觉识别系统通常由哪些模块组成？如何实现视觉统一性
60		LOGO、色彩与字体在 app 中分别具有怎样的品牌传递功能
61		app 中的视觉识别系统如何适配不同屏幕与交互场景以保持品牌一致性
62		品牌视觉规范手册在实际编制过程中常见的问题有哪些？如何避免影响规范的执行效果
63		如何构建一套逻辑严密、易于执行的品牌色彩与字体使用规范
64		界面设计在视觉与交互层面应遵循哪些基本原则以提升用户体验
65		如何通过界面模块的科学排版优化信息层级与阅读路径
66		用户界面设计中有哪些典型布局风格？它们分别适用于哪些类型的数字产品
67		从交互与视觉双重角度，说明如何提高界面的可用性与操作效率

序号	AI 伴学内容	AI 提示词
68		情感化设计的基本理念是什么？它如何在数字产品中增强用户黏性
69		IP 形象设计在 app 品牌视觉识别中的作用是什么？它如何增强用户情感连接
70		如何将 IP 角色与移动端界面风格有效融合，以提高品牌识别度
71		在数字产品中构建 IP 形象时，应遵循哪些视觉识别与互动设计原则
72		在 app 中，插画、动画等视觉元素在情感化设计中如何增强用户的情感共鸣
73		用户界面如何通过视觉与动效设计激发用户的积极情绪与使用意愿
74		情感化设计如何在确保用户体验的同时避免"过度美化"导致的功能性弱化
75	第五章　用户界面设计	动效设计的主要类型有哪些？不同类型的动效如何帮助提升用户界面的交互体验
76		动效设计在 app 界面中的功能与作用具体体现在哪些方面
77		如何通过动效设计优化用户界面的反馈机制与引导效果
78		在动效设计时，如何有效平衡美观与加载性能，避免拖慢 app 响应速度
79		在进行切图时，哪些流程与注意事项是必须遵循的，以确保图像高效适配各类设备
80		如何针对不同屏幕分辨率处理高清适配问题
81		如何为前端开发人员提供清晰、高效的设计稿标注
82		常见的 UI 标注规范与工具有哪些？如何提高设计与开发之间的协作效率
83		在乡村振兴背景下，如何通过界面设计加强数字农旅项目的应用，使其有效促进农民收入的增长
84		乡村振兴主题的界面设计如何结合地方特色，增强用户的文化认同感
85		针对乡村老年群体的数字产品设计，应如何调整界面布局和交互方式以增强其易用性
86		在健康中国背景下，如何设计一款既符合健康理念又具备良好用户体验的健康管理类 app
87		如何通过界面设计增强用户对健康数据的关注和管理意识
88	第六章　界面设计实践	适老化设计在界面布局上应遵循哪些原则，以适应老年用户的视觉与操作需求
89		在适老化设计中，如何通过色彩和字体的选择帮助老年用户更清晰地获取信息
90		针对老年用户的智能设备界面设计，如何通过动效和反馈机制减少操作的认知负担
91		如何在适老化界面设计中有效运用语音助手和智能提示，增强老年用户的操作便捷性
92		车载 HMI 设计如何平衡驾驶员的操作便捷性与道路安全性
93		车载系统中的触摸屏操作与语音控制的交互设计有何不同？两者如何实现无缝衔接
94		针对不同车型与驾驶场景，车载 HMI 设计应如何个性化和智能化
95		在 app 中，如何平衡创新功能与用户需求，确保其既具备市场竞争力，又能提供优质的用户体验

参考文献

戴力农, 2016. 设计调研 [M]. 北京：电子工业出版社.

科尔伯恩, 2011. 简约至上：交互式设计四策略 [M]. 李松峰, 秦绪文, 译. 北京：人民邮电出版社.

加瑞特, 2007. 用户体验的要素：以用户为中心的 Web 设计 [M]. 范晓燕, 译. 北京：机械工业出版社.

腾讯公司用户研究与体验设计部, 2020. 在你身边为你设计 III：腾讯服务设计思维与实践 [M]. 北京：电子工业出版社.

由芳, 王建民, 蔡泽佳, 2020. 交互设计：设计思维与实践 2.0 [M]. 北京：电子工业出版社.